AF545499

PROJEKTE *für Holzwerker*

Asa Christiansen

Bau was aus Holz!

Clevere Projekte mit einfachem Werkzeug

Impressum

Übersetzung: Etienne Heuel
Satz: Heidrun Herschel, Wunstorf
Produktion: PrintMediaNetwork, Oldenburg
Printed in Europe

ISBN 978-3-86630-689-9
Best.-Nr. 20697

HolzWerken
Ein Imprint von Vincentz Network GmbH & Co. KG
Plathnerstr. 4c, 30175 Hannover
www.holzwerken.net

Zu Ihrer Sicherheit:

Zu Ihrer Sicherheit: Die Arbeit mit Holz ist grundsätzlich gefährlich. Elektro- oder Handwerkzeuge falsch zu benutzen oder Sicherheitshinweise zu ignorieren, kann zu permanenten Verletzungen oder sogar zum Tod führen. Versuchen Sie nicht, die hier (oder sonst wo) gezeigten Tätigkeiten auszuführen, sofern Sie nicht sicher sind, dass es für Sie ungefährlich ist. Wenn sich irgendetwas an einer Aktion nicht richtig anfühlt, führen Sie diese nicht aus. Suchen Sie nach einer anderen Lösung. Wir wollen, dass Sie Spaß an diesem Handwerk haben, darum sollte die Sicherheit immer Vorrang haben, wenn Sie in der Werkstatt sind.

Widmung

Für Opa Sam, der standhaft und freundlich war

Weitere Materialien kostenlos online verfügbar!

http://www.holzwerken.net/bonus

Ihr exklusiver Bonus an Informationen!
Ergänzend zu diesem Buch bietet Ihnen HolzWerken Bonus-Materialien zum Download an.
Scannen Sie den QR-Code oder geben Sie den Buch Code unter www.holzwerken.net/bonus ein und erhalten Sie kostenfreien Zugang zu Ihren persönlichen Bonus-Materialien!

Buch-Code: TE1039

Danksagungen

Es fühlt sich an, als ob ich fast mein ganzes Leben lang auf dieses Buch hingearbeitet habe, darum gibt es viele Leute, denen ich danken möchte.

Als Neuling in der Berufsschule habe ich Herrn Brooks getroffen, den Hauptausbilder im Werkzeugmaschinenprogramm, ein brillanter Kerl, der geboren wurde, um mit Kindern wie mir zu arbeiten. Er hat ein Feuer in mir enfacht und mich auf den Pfad der lebenslangen Kreativität gebracht.

Genauso viel Glück hatte ich mit meinem ersten Job bei einer Zeitschrift, wo ich den Mentor fand, den jeder junge Schreiberling braucht. Mein dortiger Chef war Ken Heidel, der mir beibrachte, das Unnötige zu entfernen und meinem Talent zu vertrauen.

Als ich zum Fine Woodworking Magazin kam, hat mir Chefredakteur Tim Schreiner gezeigt, wie eine gute Zeitschrift entsteht und der leitende Redakteur Anatole Burkin hat geduldig meine tägliche Flut an Fragen ausgehalten. Später als mein Chef hat Anatole sein Bestes gegeben, um mir beizubringen, dass weniger mehr ist (das habe ich nie ganz akzeptiert!) und was einen Anführer von einem Macher unterscheidet (eine weitere schwere Lektion). Im Namen von mir und einer kleinen Armee von anderen idealistischen, kreativen Menschen bin ich der Taunton Press Dank schuldig, denn sie hat ihren Redakteuren und Art-Directoren die Ressourcen gegeben, um unerreichte Ratgeberinhalte herzustellen und vier Jahrzehnte lang Holzwerker zu befähigen.

Bei Taunton hatte ich mehr Mentoren als ich aufzählen kann, aber es wäre fast kriminell nicht dem vielseitig talentierten Mike Pekovich zu danken, der langjährige Art-Director bei Fine Woodworking und mein Hauptkollaborateur für mehr als ein Jahrzehnt.

Mike hat mir beigebracht, ein besserer Holzhandwerker und annehmbarer Fotograf zu sein, aber am wichtigsten ist, dass er mir still geholfen hat, acht Jahre lang den Kurs zu halten und dabei meine Begeisterung gleichermaßen zu teilen.

Für die Hilfe bei meinem reibungslosen Berufsausstieg und die Vorbereitung für meine weiteren Abenteuer als Freiberufler muss ich noch einmal Anatole Burkin danken. Apropos reibungslos, es gibt niemanden, der aufmerksamer und sicherer am Steuer ist als mein würdiger Nachfolger Tom McKenna.

Es war ein glücklicher Tag, als ich 2011 gefragt wurde, bei der Martha Stewart Show aufzutreten. Der Ehrengast des Tages war Nick Offerman, der Ron Swanson bei der Comedyserie Parks and Recreation - Das Grünflächenamt spielte. Wie sich herausstellte, war er großer Fan von Fine Woodworking. Sobald ich erfuhr, wie gekonnt er in seiner eigenen Werkstatt war, landete eine seiner cleveren Vorrichtungen im Magazin und sein bärtiges Gesicht auf der Titelseite. Nick zahlte den Gefallen zurück, indem er das Magazin überall mitbrachte, zu Promirunden, Late-Night-Shows, Podcasts und Reddit. Sein exzellentes Vorwort ist ein weiteres Geschenk der großzügigsten Person, die ich kenne.

Das bringt uns in die Gegenwart und zur wichtigsten Person. Der größte Dank gebührt meiner Frau Lynne. Dafür, dass sie diesen verrückten Umzug mit mir und den Mädchen nach Portland, Oregon gemacht hat. Dafür, dass sie nicht einmal geblinzelt hat, als ich sagte, dass ich meinen sicheren Job bei Fine Woodworking eintauschen wollte gegen das unberechenbare Leben eines freiberuflichen Autors, Möbelbauers und weiß Gott was noch. Dafür, dass sie ihre Karriere aufgegeben und eine neue angefangen hat, um sicherzustellen, dass wir die Rechnungen bezahlen konnten, als wir mit zwei Autos, einer Tochter und einem Hund in die Stadt gerollt kamen. Ohne ihre Ermutigung und Unterstützung hätte ich es nicht geschafft, dieses Buch aus meinem Kopf und raus in die Welt zu bringen.

Inhalt

Vorwort

Ich war schon immer fasziniert von Leuten, die Dinge mit ihren eigenen Händen herstellen. Diese Anziehungskraft gab mir die Möglichkeit, einige der kreativsten Hände zu schütteln, die ich finden konnte, in der Hoffnung, dass ein bisschen ihres Tatendrangs auf meine Pfoten abfärben würde. So habe ich Asa Christiana 2011 am Set von Martha Stewarts Fernsehprogramm getroffen. Zu dieser Zeit war er Chefredakteur meiner Holzwerkerbibel, dem Fine Woodworking Magazin, und damit das Hirn hinter all den Meisterhandwerkern, aus denen ich meine sägemehlverstaubten Lehren gezogen habe. Er war der Professor Xavier für die X-Men auf den Seiten des FWW und daher war ich so aufgeregt wie ein tanzender Faun, seine Bekanntschaft zu machen.

Über die Jahre unserer Freundschaft habe ich schamlos seine Großzügigkeit ausgenutzt und sein breites Wissen im Bereich von Werkzeug, Holzspezies, Maschinen und Personen zu eigen gemacht. Denn sein Geist ist ein Tresor voller Informationen, die man abrufen könnte, um eine Holzhandwerksschule zu eröffnen oder um ein exklusives Buch zum Bau von aufwendigen Qualitätsmöbeln zu schreiben. Das Problem an so einem Buch wäre, egal wie raffiniert das künstlerische Geschick darin auch sein mag, dass es einen Großteil der neugierigen Leser abschrecken würde. Aber glücklicherweise geht Asa in eine ganz andere Richtung, mit einem Lehrbuch, das sich mehr auf die Tatkraft des Lesers als auf seine Sammlung an ausgefallenen Beiteln verlässt. In diesem Zeitalter des ungezügelten Konsums erfreuen sich viele unserer Mitbürger am Luxus von kaufbaren Gütern. Dieser Trend hat uns verweichlicht und nun ist ein Großteil der Bevölkerung vollkommen überfragt, wenn man ihnen einen Hammer oder Kreuzschlitzschraubendreher in die Hand drückt.

Mit Asas klarer und freundlicher Sprache, einem einfachen Werkzeugset und den erschwinglichen Materialien, erhältlich in jedem Baumarkt, liegt Ihnen die Welt zu Füßen.

Wenn Sie sich auf den Weg begeben wollen, dieses Wissen wiederzuerlangen, mit dem man anfangen kann, Möbel und Accessoires für den eigenen Haushalt zu bauen, aber keine jahrelange Werkstatterfahrung besitzen, dann müssen Sie nicht länger suchen. Sie halten gerade den besten Wegweiser in Ihren Händen.

Als Junggeselle in meinen Zwanzigern war ich besessen davon, Möbel für meine Wohnung zu bauen, mit Holz, das ich in Gassen und Baucontainern gefunden habe. Bewaffnet mit Stichsäge und Elektroschrauber habe ich eine Vielzahl an Möbeln gebaut, von Bücherregalen über Tische bis hin zu einem Schreibpult auf so ziemlich dieselbe Art wie die Projekte in diesem Buch – mit Sparsamkeit und Einfallsreichtum statt teurer Maschinerie.

Auch wenn mein Mobiliar keine Preise abgeräumt hat, hat es mich stolz auf meine Unabhängigkeit gemacht und der einzigartige, handgemachte Stil war oft Gesprächsthema bei meinen Gästen. Obwohl ich heutzutage Schüler eines eher verfeinerten Holzhandwerkes bin, erkenne und bewundere ich doch die Kraft die Asas Lehren in Ihrem Leben entfalten werden. Viele unserer modernen Häuser und Budgets sind nicht zuträglich für den Kauf einer Tischkreissäge oder eines großen Autos, aber das heißt noch lange nicht, dass sie Ihr Leben nicht mit tollen Möbeln und Accessoires aufbessern können.

Das Beste an diesem Buche ist einfach der Spaß, der durch jedes Projekt strömt. Asa stellt ein paar moderne Möbeldesigns vor, aber Sie werden direkt sehen, dass Sie seine Pläne abändern können, um sie an Ihre Bedürnisse anzupassen. Sein Kaffeetisch, um nur ein Beispiel zu nennen, zeigt die Formbarkeit dieser Projekte, da sich der Autor selbst nicht zwischen zwei Designs entscheiden konnte und dann einfach beide gebaut hat.

Was soll Sie jetzt noch davon abhalten, die Baupläne nach Ihren Wünschen anzupassen?

Mit Asas klarer und freundlicher Sprache, einem einfachen Werkzeugset und den erschwinglichen Materialien erhältlich in jedem Baumarkt, liegt Ihnen die Welt zu Füßen. Viel Spaß!

Nick Offerman

Einleitung: Warum wir bauen

Spass in analog. Als ich ein Kind war, haben wir große Festungen aus Bauklötzen gebaut. Lego war auch ein großer Hit.

Ich denke gerne an meine Kindheit in den 1970ern zurück. Eine Zeit in der ich altes Holz und Nägel gesammelt habe, um „Festungen„ im Wald zu bauen, und mein kaputtes Fahrrad mit Teilen von anderen Schrotträdern repariert habe. Und ich erinnere mich an den Tag, an dem sich die Welt veränderte.

Vor diesem Tag haben wir aus Spaß gebaut. Mit nur 4 Fernsehsendern verbrachten die Kinder in meinem Alter ihre Zeit mit Baukästen, Playmobil und Lego (und Comics). Sobald du alt genug warst, dass man dich mit Schablonenmesser und Sekundenkleber allein lassen konnte, warst du bereit für den Modellbau: Modellautos, Modellflugzeuge und Modellraketen.

Die Raketen mochte ich am liebsten. Wenn Sie nach 1980 geboren wurden, wissen sie wahrscheinlich gar nicht, wie cool es ist, seine eigene Rakete zu bauen.

Eine Papphröhre mit Stabilisatoren aus Holz, ein Schwarzpulver-„Triebwerk“ dazu, den Fallschirm eingepackt und die Spitze draufgesetzt.

Dann hat man die Rakete auf den Führungsdraht gesteckt, den Knopf am Batteriepack gedrückt, um das Triebwerk zu zünden, und sein Werk 300 m in die Luft geschossen – dann auf einen Farbpunkt gehofft der hieß, dass sich der Fallschirm geöffnet hat (puh!), und nun konnte man durch die Nachbarschaft rennen und schauen, wohin sein Werk vom Wind getragen wurde.

Genau wie Modellraketen und Modelleisenbahnen waren auch unsere Spiele analog: Schiffe versenken, Doktor Bibber, Monopoly, Halma. Aber ein Spiel hat alles verändert.

Das ultimative Maker-Kit. In den 1950ern und 1960ern, gab es in Amerika „Erector®„ Metallbaukästen (damals konnte man auch noch so einen Namen verwenden, ohne pubertäres Kichern zu verursachen), mit kleinen Stahlstreben, Verbindungsstücken und Rädchen, die man in alles verwandeln konnte, von Brücken, über Trucks bis hin zu allen möglichen funktionierenden Maschinen.

Das erste Videospiel. Kein Videospiel ist einfacher als Pong, aber es hat uns fasziniert und läutete das Ende unserer Modellbauzeit ein. Der Mikrochip hat die Welt verändert, zum Guten und zum Schlechten.

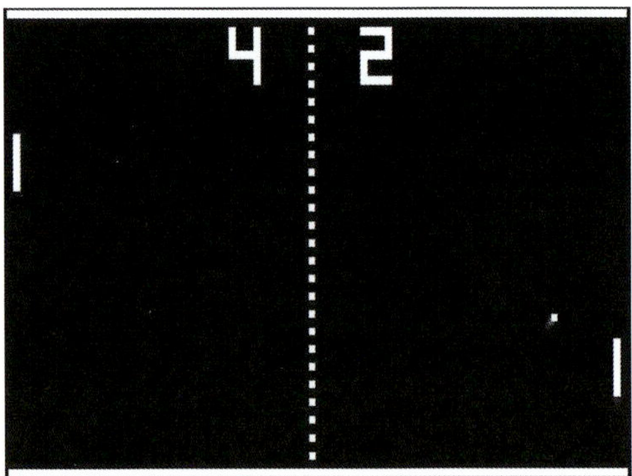

NUR NOCH DAUMEN. Mit Smartphones halten wir die Welt in den Händen, aber berühren können wir sie nicht.

King Pong

„Pong" war das erste Videospiel, das wir jemals gesehen hatten – und es war teuflisch einfach. Die Controller waren zwei Drehknöpfe an einer kleinen Konsole, die man an den Fernseher anschloss. Wenn man den Knopf gedreht hat, bewegte sich der weiße Strich auf einer Seite hoch und runter.

Das Ziel war es, mit dem eigenen „Schläger" einen viereckigen Pixel am gegnerischen „Schläger" vorbeizuschlagen. Schwarz und weiß und wunderschön. Wir haben stundenlang gespielt, fasziniert.

„Ich kontrolliere den Fernseher!" haben wir gedacht. Wie sich herausstellte, war das Gegenteil der Fall.

Wir konnten nicht ahnen, dass die einfache Platine in Pong die Welt verschlingen und immer kleiner und leistungsfähiger werden würde, bis sie Kinder voll ins Kampfgeschehen versetzten konnte und diese sich gegenseitig durchs Mikrofon anpöbeln konnten, ohne das Kinderzimmer dafür verlassen zu müssen.

Atari, der Hersteller von Pong, brachte mehr und mehr Spiele heraus, und was wir nicht zuhause spielen konnten, spielten wir in der Videospielhalle an riesigen Automaten. Am Anfang spielten die Kinder immer noch draußen und bauten Dinge wie Skateboards oder Geländeräder. Aber nicht mehr lange. Bald hatten wir Fernbedienungen für den Fernseher und hunderte Kanäle. Dann kam das Internet. Und Steve Jobs erfand das Smartphone. Und Mark Zuckerberg perfektionierte die sozialen Medien. Und plötzlich waren wir nur noch Daumen.

Das Pendel schwingt zurück

Während dieser Ära stieg unser Lebensstandard in die Höhe, die Herstellung zog nach Übersee und irgendwann waren die bestbezahltesten Arbeitsplätze irgendeine Form von Am-Computer-tippen.

So hörten viele Leute auf, Sachen zu bauen, sei es zum Spaß oder zur Arbeit. Es war ein tiefgreifender Verlust. Ein prägnanter Tweet oder charmanter Facebook-Post ist auch irgendwie eine Leistung, aber das ist nichts gegen den Urinstinkt, etwas Reales zu erschaffen.

Hier kommt die Maker-Bewegung ins Spiel, bei der die Mitglieder die Platinen und Mikrocontroller des virtuellen Zeitalters nutzen, um gegen selbiges vorzugehen und Digital wieder in etwas Persönliches und Handgemachtes zu verwandeln.

Die heutigen Maker hacken IKEA-Möbel, bauen Drohnen, programmieren 3D-Drucker, löten Schaltplatten an Mikrocontroller und nutzen alles von Panzerband bis hin zu gefundenen Objekten, Holz und LEDs, um ihre wilden Kreationen zu erschaffen.

Es gibt eine digitale und eine analoge Seite, wobei die neuen Anhänger der letzteren das alte Handwerk, wie beispielsweise Schweißen und Holzverarbeitung, wiederentdecken. (Schauen sie bei www.heise.de/make vorbei für einen Überblick.)

Auch außerhalb des Maker-Bereichs nimmt die Bewegung zum Handwerkshobby neue Formen an.

Für manche ist es die Rückkehr zum hausgemachten Essen mit frischen Zutaten, geleitet von YouTube-Tutorials; für andere sind es die traditionellen Künste oder Malkurse die das verlorene Gefühl von langsamem, stetigem und zufriedenstellendem Fortschritt zurückbringen.

Was dieses Phänomen noch besser macht, ist die Tatsache, dass Mädchen auch eingeladen sind. Genau genommen brauchen Frauen nicht einmal eine Einladung – Maker haben kein Geschlecht – was eine tolle Entwicklung ist, wenn man zwei Töchter hat.

Der springende Punkt ist, dass die Leute die Freude am Erschaffen wiederentdecken, anstatt zu bezahlen, um es in Asien herstellen zu lassen und von einer Marketingabteilung eingeflößt zu bekommen. Und das Internet, der ehemalige Feind, befeuert den Trend.

Warum ich dieses Buch geschrieben habe

Ich hatte Glück, dass ich von Anfang an Dinge „gemacht" habe. Als Kind habe ich alles oben Genannte gebaut. Statt zur Highschool bin ich zur Berufsschule gegangen, um Maschinenschlosser zu werden und präzise Werkzeuge und mechanische Erzeugnisse aus großen Metallblöcken zu machen. Nachdem ich mit dem College fertig war, habe ich die Holzverarbeitung entdeckt. Mit Holz konnte ich noch mehr bauen als mit Metall, zudem ging es schneller und ich brauchte keine Schweißausrüstung oder eine tonnenschwere Fräsmaschine.

Als ich mein erstes Haus gekauft hatte, richtete ich einen kleinen Werkstattbereich im Keller ein und fing an, Sachen zu bauen.

Mit wenigen einfachen Werkzeugen habe ich einen Tritthocker für meine junge Tochter gebaut, dann ein Bücherregal, dann einen großen Ahorn-Esstisch.

In meinem nächsten Haus habe ich das Parkett verlegt, Türen im Kolonialstil gebaut, eine große Veranda gefertigt, einen alten handbearbeiteten Scheunenbalken in eine Kaminverkleidung verwandelt und als meine Fähigkeiten wuchsen, habe ich mein eigenes Home-Office gebaut – eine wunderschöne Reihe an integrierten Kirschholz-Bücherregalen mit einem dicken Schreibtisch in der Mitte.

Meine Freude haben mich beneidet. Sie hatten kein Handwerk gelernt und haben nicht die Fähigkeit erlangt und das Selbstvertrauen aufgebaut, um selbst einzutauchen. Dieses Buch ist für sie. Sie wollen Sachen bauen aber wissen einfach nicht, wo sie anfangen sollen.

Ich habe dieses Buch auch für meine Kinder, Nichten und Neffen geschrieben. Die stöbern auch manchmal in meiner Werkstatt herum und wir haben sogar schon ein paar Projekte zusammen gebaut. Obwohl sie sehr fingerfertig sind, hatten sie nicht viele Möglichkeiten zu Hause oder in der Schule etwas zu erschaffen.

Leute entdecken die Freude am Erschaffen wieder, anstatt zu bezahlen, um es in Asien herstellen zu lassen und von einer Marketingabteilung eingeflößt zu bekommen.

Vielleicht war ihnen einfach nicht langweilig genug. Langeweile ist ein starker Antrieb des Entdeckens, aber diesen Luxus haben wir nicht mehr. Bevor ich die Chance zum Tagträumen habe, vibriert mein Handy. Es ist eine Meldung von Buzzfeed: „Top 10 Wege um glücklich zu sein„. Einer der besten Wege die ich kenne, um glücklich zu sein, ist etwas zu bauen, und das möchte ich mit allen teilen.

Ohne jetzt zu tief zu gehen, es gibt einen Unterschied zwischen Freude und Zufriedenheit. Freude ist kurzfristiger und vergänglicher; Zufriedenheit ist tiefgehender und länger anhaltend, weil es auf Leistung beruht. Das könnte das Besteigen eines Berges sein, 100 km Radfahren, das Erreichen eines Abschlusses, Stricken lernen oder einfach eine Feuerstelle bauen, die alle genießen. Wenn es echt ist, werden Sie es merken.

Zurück in die Wälder

Mit Holz können Sie alle möglichen Sachen in der echten Welt bauen.

Von spassig bis schön. Ob bunte Möbel für meine Kinder oder diesen schönen Morris-Stuhl: Das Bauen hat immer Spaß gemacht.

Ihre Vorstellungskraft ist das Limit. Mein Holzwerker-Freund Mark Edmundson lebt in einem abgelegenen Flecken im Norden Idahos und hat Stück für Stück diesen riesigen Skatepark für seine Kinder gebaut. Er hatte keine Erfahrung damit, also hat er einfach losgelegt und dadurch gelernt. Das ist der beste Ansatz.

Nutzen Sie dieses Buch als Ausgangspunkt. Mit ein paar grundsätzlichen Techniken im Repertoire sind Sie bereit, alle möglichen Holzprojekte anzugehen, vom Bau einer Gitarre bis hin zu einem Kanu aus Zedernstreifen wie das von meinem Holzwerker-Freund Nick Offerman (bekannt aus Parks & Recreation).

Starte mit Holz und dann brich die Regeln

Meiner Meinung nach ist Holz das beste Baumaterial. Holz besitzt ein Stärke-zu-Gewicht-Verhältnis, das es mit Titan und Kohlefaser aufnehmen kann, und trotzdem kann man es mit einfachen Werkzeugen schneiden, formen und verbinden. Noch besser: Holz hat eine Seele. Es ist ein erneuerbares, organisches Material mit hunderten Arten, jede mit eigenem Glanz, jedes Brett mit eigener Maserung – dadurch wird jedes Holzprojekt einzigartig.

Holz gibt es zudem in allen Formen ob wiedergewonnen, grob gefräst, glatt gehobelt oder als Verbundstoff wie Sperrholz oder Faserplatte.

> **Wenn man die alten Handwerksregeln vergisst, kann man alles Mögliche auf seinen Holzstapel packen.**

Aber Holz ist nicht das Einzige. Wenn man die alten Handwerksregeln vergisst, kann man alles Mögliche auf seinen Holzstapel packen. Baumärkte sind gefüllt mit Muttern, Bolzen, Rohren, Trägern, Schrauben und noch mehr cooler Ausstattung, die man zum Bauen nutzen kann. Gehen Sie online – für abgefahrene Lichter, Magneten, Räder, Flaschenöffner, und tausend andere Kuriositäten – und schon vervielfacht sich der Spaß.

Das hier ist nicht Opas Handbuch. Lassen Sie sich nicht einreden, dass es Regeln gäbe, denn es gibt keine, außer die zur Sicherheit. Trotzdem sei gesagt, wenn Sie Träume haben von schöner Holzverarbeitung, Tischlerei, Umgestaltung, Bootsbau, Instrumentenbau oder irgendeinem anderen traditionellen Holzhandwerk, dann ist dieses Buch ein toller Einstieg für die fundamentalen Werkzeuge und Fähigkeiten, die Sie brauchen um anzufangen.

Starte, wo du bist

Mit ein wenig Platz und ein paar Werkzeugen können Sie alles aus diesem Buch nachbauen. Und obwohl diese Projekte einfach und spaßig sind, lässt es Sie nicht wie ein Anfänger aussehen. Warum Zeit verschwenden, um etwas zu bauen, das weder nützlich, haltbar oder cool aussehend ist? Ich habe dieses Buch geschrieben, um Ihnen zu zeigen, wie einfach es ist, etwas Großartiges zu erschaffen.

Indem Sie bei einfach erhältlichem Bauholz bleiben, dass Sie direkt von der Stange kriegen, können Sie auf große Maschinen verzichten, die man für das Zuschneiden und Schleifen von Brettern in Sondergrößen benötigt.

Ein weiterer Trick ist, Bolzen und Schrauben zum Verbinden zu verwenden. Damit vermeiden Sie komplizierte Zapfenverbindungen, zumindest für den Moment.

Keine dieser Entscheidungen sind Kompromisse. Indem man die Regeln bricht, macht das Holzwerken mehr Spaß und gleichzeitig entstehen Projekte, die genauso cool, wenn nicht sogar cooler, als das traditionelle Zeug ist.

Projekte bauen, Fähigkeiten erwerben und ein paar Werkzeuge sammeln

Ich habe diese Projekte als Verlauf angeordnet, damit Sie Fähigkeiten und Werkzeuge nacheinander erwerben können. Sie müssen diesem Plan nicht folgen, aber zur Warnung: Wenn Sie umherspringen, werden die Projekte evtl. Techniken verwenden, die vorher schon einmal im Buch besprochen wurden.

Im nächsten Kapitel lernen Sie wie man einen einfachen Arbeitsplatz einrichtet, wie man die ersten Werkzeuge auswählt und wo man Holz und andere benötigte Utensilien findet. Eines der ersten Projekte ist eine mobile Arbeitsstation, gebaut aus einem alten Küchenschrank, den man fast überall kaufen kann. Sie können alle Projekte auf diesem Rollschrank bauen – trotzdem würde es nicht schaden, auch eine andere Arbeitsoberfläche wie einen stabilen Tisch zu haben.

Ich biete zwar Zeichnungen und Abmessungen für jedes Projekt, aber zögern Sie nicht, diese beiseite zu legen und mit den Ideen aus diesem Buch zu machen, was Sie wollen.

Also fangen wir an. Das ist übrigens das Geheimnis: Einfach loslegen. Vergessen Sie das nicht.

Warum Holz?

Einfach zu schneiden und zu formen. Für Holz braucht man keine komplizierten Werkzeuge.

Jedes Brett ist anders. Holz ist ein organisches, erneuerbares Material mit einer schier endlosen Anzahl an Farben und Maserungen. Das hier ist übrigens Weißeiche, die ein tolles Tigerstreifenmuster hat.

Freude vs. Zufriedenheit. Die Zufriedenheit, etwas zu bauen, ist länger anhaltend als Katzenvideos weiterleiten oder ein „Bauer sucht Frau"- Marathon.

1 Ausrüsten: Wo und womit man baut

Erhellen Sie ihre Ecke. Sie brauchen für Ihre Projekte nur etwa 2,5 m x 3 m Platz, weniger ist auch möglich. Weiße Wände und ein Fenster machen den Bereich schön hell. Ein paar Regale und Arbeitstische dazu und schon kann es losgehen. Im nächsten Kapitel nutzen wir einen alten Wandschrank, um die mobile Arbeitsstation zu bauen, die Sie unter dem Fenster sehen.

Ich habe dieses Buch für alle geschrieben, vor allem für jene ohne Erfahrung, (noch) ohne Werkzeug und mit nur begrenztem Platz. Man kann sich fast überall eine Ecke zum Arbeiten freimachen – in ungenutzten Räumen, in der Garage oder im Keller.

Das einzige Problem könnte der Lärm der Elektrowerkzeuge sein. Wenn Sie direkt unter, über oder neben ihren Nachbarn sind, müssen Sie eventuell arbeiten, wenn diese nicht da sind, oder andernfalls ein Buch über Holzarbeit nur mit Handwerkzeugen finden. Davon gibt es viele gute. Apropos Handwerkzeuge, ich glaube der schnellste Weg, um das Holzwerken zu lernen – und der einfachste, um Ergebnisse zu erzielen – geht über Elektrowerkzeuge, zumindest für den Anfang. Ich liebe die Präzision von Handhobeln und Beiteln, aber die brauchen eben eine Menge Schärfwerkzeug und Erfahrung, um gut zu funktionieren. Ich habe oft bei Anfängern gesehen, dass sie sich von der Romantik des traditionellen Handwerks anstecken lassen, nur um dann an der Lernkurve hängenzubleiben. In diesem Buch geht es darum, Dinge zu bauen und dabei Spaß zu haben.

Wo man baut

Wir fangen mit der Werkstatteinrichtung an und das bedeutet nichts mehr, als ein bisschen Platz und Stauraum zu schaffen und die wichtigsten Werkzeuge zu kaufen. Für die Projekte in diesem Buch benötigen Sie nicht viel Platz. Sie brauchen mindestens einen stabilen Tisch oder eine Werkbank, wobei zwei noch besser sind. Eines Ihrer Hauptwerkzeuge wird eine Kappsäge sein und da ist es am besten, wenn sie einsatzbereit auf einem Tisch steht.

Den anderen Tisch nutzen Sie, um Ihre Projekte zusammen zu bauen. Egal ob Sie Löcher bohren, Sperrholz sägen, Schrauben drehen oder sonst was machen, meistens ist es angenehmer auf Hüfthöhe zu arbeiten.

Ich bin kein großer Fan von Wandschränken oder Werkzeugwänden. Ich finde, dass einfache Regale viel praktischer sind. Denken Sie daran, Dübel zu verwenden, wenn sie Regale an der Wand befestigen wollen.

Bei Betonwänden, z. B. im Keller, brauchen sie einen geeigneten Bohrer, um die Schrauben einzusetzen, alternativ nutzen sie Betonnägel (in jedem Baumarkt erhältlich), um erst ein Holzbrett an die Wand zu nageln und dann das Regal daran zu befestigen.

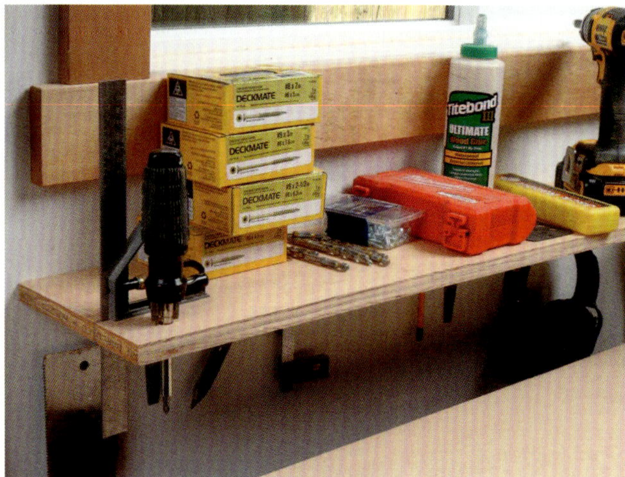

Holzregale bieten effektiven Stauraum. Regalhalter sind billig und stabil, zudem man kann jedes Brett nehmen. Man kann Löcher als Werkzeughalter reinbohren oder -sägen (oben), Holz sowie Utensilien darauf lagern und Zwingen dranklemmen (ganz oben).

Holzregale sind toll, denn man kann Bauholz und Utensilien drauf lagern, Löcher als Werkzeughalter reinbohren oder -sägen und seine Zwingen unterbringen, indem man sie einfach dranklemmt.

Übrigens, es ist schön, ein oder zwei Fenster zu haben für natürliches Licht, und ab und zu mal einen Blick raus in die weite Welt. Wir haben damals nicht grundlos unsere Höhlen verlassen. Außerdem kann ein Eimer weiße Farbe viel Bewirken. Weiße Wände reflektieren Licht und machen Garage oder Keller viel heller, ohne dass man eine Lampe mehr bräuchte.

Es werde Licht

Ich habe schon vor langer Zeit gelernt, dass man weniger Spaß hat, wenn es ungemütlich ist und man nichts sehen kann. Am Ende vermeiden Sie es vielleicht, in die Werkstatt zu gehen. Aber wenn Ihr Arbeitsbereich gut ausgeleuchtet ist und mindestens 13° C warm ist, dann werden Sie nicht zögern, einen Kapuzenpulli überzuwerfen und Zeit dort zu verbringen. Und es kostet nicht viel, das zu ermöglichen.

Egal wo sie arbeiten wollen, in der Garage, im Keller, Abstellraum oder Frachtcontainer, wahrscheinlich haben Sie nicht genug Licht. Ihr Ziel sollte es sein, genug Licht für ein landendes Flugzeug zu haben.

Aber im Ernst, Sie wären erstaunt, was für einen Unterschied eine Flut an Licht machen kann. Egal wo Sie in der Werkstatt sind, Sie sollten alles sehen können: Kleingedrucktes, winzige Bleistiftmarkierungen, Schleifkratzer und tropfende Lackierungen.

Aber keine Sorge, Lampen sind billig, wenn sie es einfach halten. Altbewährte Leuchtstofflampen kosten 10 bis 30 Euro im Baumarkt. Die teureren sind leiser und funktionieren auch im Kalten ohne zu flackern. Viele Fassungen haben schon ab Werk passende Leuchtmittel dabei, ansonsten kosten die Leuchtstoffröhren an sich zwischen 5 und 15 Euro. Wenn die Decke niedrig ist, ziehen sie Lampen mit Abdeckung in Betracht, um die Röhren vor Schlägen mit langen Brettern oder Rohrklemmen zu schützen.

Die meisten Leuchtstoffröhren kommen ohne Netzkabel, das heißt, Sie oder ein Elektriker müssen die Lampen selbst verkabeln. Die grünere Option sind 100 Watt LED-Birnen, die man in normale Fassungen schrauben kann. Auch hier muss ein wenig Verkabelung durchgeführt werden, um die Fassungen an der Decke zu installieren, aber dafür geben LED-Birnen farbkorrigiertes Licht ab,

Mühen Sie sich nicht im Dunkeln ab. Der einfachste Weg, um Ihrer Werkstatt eine Flut an Licht zu geben, sind Leuchtstoffröhren (links). Wenn Sie ein paar Fassungen installieren, können sie beständige, energiesparende 100 Watt LED-Birnen nutzen (S. 18, unten). Davon brauchen Sie allerdings ein paar mehr als von den Leuchtstoffröhren (rechts).

außerdem halten sie länger und sind auf lange Sicht günstiger als Leuchtstoffröhren. Trotzdem sei gesagt, dass Sie bei LED mehr Lampen brauchen und der Anschaffungspreis teurer ist.

Es werde auch warm

Ihre Werkstatt muss nicht das ganze Jahr konstant 20 °C haben, aber zwischen 13° und 26° ist es viel angenehmer. Unter 13° werden zudem auch einige Holzleime und -lacke nicht richtig trocken.

Es ist nicht schwer, einen kleinen Raum genug zu heizen oder zu kühlen, damit es gemütlich wird. Zum Abkühlen können sie natürlich ein Fenster aufmachen, eventuell auch über eine Klimaanlage nachdenken, aber in unseren Breitengraden ist Kälte das häufigere Problem.

Wenn sie im Keller oder der Garage sind, ist die Lösung buchstäblich nicht weit entfernt, denn sie nehmen schon etwas Wärme vom Wohnbereich auf. Sorgen Sie für so viel Isolierung und Wetterschutz wie Sie können (oder möchten) und probieren dann einen Ölradiator. Die sind prima geeignet, um kleine Räume zu erwärmen, und bei einem Preis von 60 Euro im Baumarkt oder Kaufhaus kann man sich, wenn nötig, auch zwei anschaffen. Als Sicherheitsfeature schalten sie sich zudem automatisch aus, wenn sie zu heiß werden.

Die romantischste Lösung ist ein Holzofen, der auch Holzreste verbrennen kann. Als ich in New England gewohnt habe, hatte ich einen alten Holzofen in meiner abgelegenen Werkstatt. Ich habe es geliebt, während der Wintermonate ein Feuer zu machen, es zu schüren und eine meditationsgleiche Bausession zu genießen.

Mit wenig ein wenig warm. Wenn sich Ihre Werkstatt wie ein Ofen oder eine Tiefkühltruhe anfühlt, werden Sie dort weniger Zeit verbringen. Ein Ölradiator ist eine billige Option, um Keller oder Garage auf angenehme Temperaturen zu bringen. Bei einem Preis von etwa 60 Euro können Sie sich auch zwei leisten. Stellen Sie nur sicher, dass sie sich automatisch abschalten, um Überhitzung zu vermeiden.

Werkzeuge auswählen: wie man mit weniger mehr macht

Das hier ist der Teil, wo ich mich von den traditionellen Holzarbeitsbüchern entferne, denn diese bringen Ihnen bei, wie man ein althergebrachter Holzhandwerker wird. Und wenn Sie genau das werden wollen, dann ist dieses Buch ein guter Anfang. Aber das Großartige an der Do-it-yourself-Bewegung ist, dass sie die alten Regeln rausgeworfen hat. Meine Philosophie für Anfänger macht dasselbe.

Sie müssen für Ihr Holzwerkerhobby keine Handhobel, Handsägen und Beitel sammeln; keine große traditionelle Werkbank bauen oder kaufen und keine klassischen Tischlerverbindungen erlernen – Sie sind kein Lehrling in einer schummrigen Werkstatt des 18. Jahrhunderts.

Ich bin der Meinung, dass es viel mehr Spaß macht, direkt mit dem Bauen loszulegen. Darum empfehle ich Baumaterialien von der Stange und ein kleines Werkzeugset – größtenteils elektrisch – zumindest für den Anfang. Der Nachteil ist der Lärm, aber ein paar Ohrenschützer lösen das Problem und der Vorteil ist ein frühes Erfolgserlebnis, der Aufbau des Selbstvertrauens und coole Projekte, damit man so schnell wie möglich ein bisschen angeben kann.

Verstehen Sie mich nicht falsch, Sie werden Handwerkzeuge lieben, wenn Sie die ersten Schritte gemacht haben und es wird definitiv Spaß und Feinschliff in Ihr Hobby bringen, aber das ist einfach nicht der Punkt, wo ich anfangen würde. All meine wichtigsten Werkzeuge sind toll für Beginner und Veteranen und werden Ihnen bei der Arbeit in Haus oder Wohnung noch jahrelang weiterhelfen.

Was die Sache noch einfacher macht, ist die Tatsache, dass nicht jeder Teil Ihres Projektes aus Holz sein muss. Alles was Sie im Baumarkt oder der Eisenwarenhandlung finden, kann zum Bauen verwendet werden – egal ob Plastik, Metall oder Holz – solange es gut aussieht und hält. Ich habe auch das Internet zu Hilfe genommen, denn es bringt eine Welt der Kuriositäten zu Ihnen.

Dem Holzhandwerk auf diese Weise begegnen ohne jedwede Regeln heißt, dass Sie keine komplizierten Tischlerverbindungen benötigen. In den meisten Fällen reichen Schrauben, Bolzen, Dübel und Kreativität.

100 PROJEKTE MIT 11 WERKZEUGEN

Indem Sie Holz und Utensilien von der Stange nutzen, können Sie teure Maschinen wie Tischkreissäge und Hobelmaschine vermeiden.

Die folgenden 11 Werkzeuge (OK, ein paar mehr, wenn sie jedes kleine Teil dazu zählen) werden sich bei der Durchführung von Projekten und Umbauten über die Jahre mehr als auszahlen. Und sie sind kompakt genug, dass sie in Ihren Mini Cooper passen, falls Sie mal umziehen.

- Kappsäge
- Handkreissäge
- Stichsäge
- Schlagschrauber mit Bits
- kleine Oberfräse
- Kombinationswinkel
- Maßband
- Metalllineal
- Zirkel
- Hammer, Schraubendreher, und anderer Handwerkerbedarf
- Schraubzwingen

Die Kappsäge ist das Geld wert. Dieses Werkzeug schneidet jedes Brett schnell und sicher auf jede Länge mit perfekten 90 Grad (oder jedem anderen Winkel). Sparen Sie Geld und kaufen Sie eine Version ohne Zugsystem, die für Schrägschnitte nur in eine Richtung kippt, aber nehmen Sie eine mit 30 cm Sägeblatt (anstatt 25 cm) damit sie breitere Bretter schneiden können.

Die bescheidene Kreissäge. Sie werden so eine für breitere Schnitte in Sperrholz brauchen. Die kombinieren wir mit der selbstgebauten Sägeführung aus dem nächsten Kapitel und Sie werden staunen, was man damit alles anstellen kann.

Noch eine mehr. Die ersten beiden Sägen können keine Kurven schneiden, aber die Stichsäge kann es. Nehmen Sie eine in Profi-Qualität, dann schneidet sie schneller, glatter und genauer.

Drei Sägen

Sie können die meistens Projekte in diesem Buch mit nur vier oder fünf Elektrowerkzeugen bauen und ob Sie es glauben oder nicht, eine Tischkreissäge gehört nicht dazu – zumindest jetzt noch nicht. Tischkreissägen sind toll für präzise Schnitte aller Art, einschließlich Fingerzinken, aber eine ordentliche kostet mindestens 500 Euro und es gibt auch einiges zu lernen, um Sicherheit zu gewährleisten. Also spare ich mir die Tischkreissäge für mein nächstes Buch.

Ich glaube, dass es drei Sägen gibt, die Sie brauchen, und alle sind einfach zu bedienen. Die erste ist eine Kappsäge, manchmal auch Gehrungssäge genannt. Sie macht eine Sache richtig gut und das ist Holz präzise auf Länge mit jedem Winkel schneiden. Dazu noch Holz mit bearbeiteter Oberfläche sowie der richtigen Breite und Dicke und schon können Sie dutzende Projekte verwirklichen.

Es gibt teure Kapp-Zug-Sägen, die vor und zurück gleiten und in beide Richtungen kippen können, aber ich empfehle eine ohne Zugsystem, die nur in eine Richtung kippt und einfach direkt durchs Brett sägt. Es ist kinderleicht und Sie bekommen Modelle mit 30 cm Sägeblatt schon für unter 250 Euro. Das ist die teuerste Anschaffung in diesem Buch, aber dieses Werkzeug wird sich ein Leben lang bezahlt machen. Übrigens, ich gebe hier generelle Preisspannen, aber Sie kriegen für etwas mehr Geld fast immer ein besseres Werkzeug.

Mit einer Kappsäge, anders als mit der Tischkreissäge, bewegt sich nicht das Werkstück, sondern das Werkzeug. Alles was Sie also tun müssen, ist auf Ihre Finger aufpassen und die Ohrschützer aufsetzen. Wenn sie mal

Akkuschrauber auf Steroiden. Kaufen Sie nicht irgendeinen Akkuschrauber – holen Sie sich einen Schlagschrauber. Diese kompakte 20 Volt Version kann die längsten Schrauben und die tiefsten Löcher bohren. Durch den magischen Schlag beschädigt er nicht den Schraubenkopf oder verdreht Ihr Handgelenk, wie es ein großer Bohrer tun würde.

Besondere Bits. Ein Schlagschrauber nimmt nur Bohr- und Schraubbits mit Sechskantschaft.

Parkett verlegen wollen, eine Veranda bauen oder Leisten im Haus installieren, dann ist die Kappsäge Ihr bester Freund. Kappsägen sind tragbar, also können sie dorthin, wo die Arbeit ist. Es ist aber trotzdem schön, wenn sie der Säge ein dauerhaftes Heim in Ihrer Werkstatt geben, aufgestellt und bereit zum Einsatz.

Für breitere, längere Schnitte aller Art, vor allem bei Sperrholz und anderen Faserplatten, besorgen Sie sich eine Handkreissäge, eine wie sie Tischler benutzen, mit 18,5 cm Sägeblatt. Je mehr Sie dafür ausgeben, desto glatter wird sie schneiden, aber mehr als 120 Euro sollten Sie nicht brauchen. Ich habe meine für 80 Euro bekommen.

Es ist schwer, eine Kreissäge richtig gerade zu halten, aber wir verwandeln sie in eine idiotensicher geführte Säge mit einer einfachen, selbstgemachten Führung im nächsten Kapitel. Das ist nur eine der Arten, wie man viel mehr mit weniger erreichen kann.

Und zuletzt, um Kurven zu schneiden, brauchen Sie eine Stichsäge, auch 100 Euro oder weniger. Stecken Sie ein langes Sägeblatt für glatte Schnitte rein und Sie werden überrascht sein, wie gut die Säge einer Linie folgt und wie sauber sie schneidet. Ich mag Modelle mit eingebauter LED, denn damit ist es einfacher, einer Bleistiftlinie beim Sägen zu folgen.

Nimm einen Bithalter zum Schrauben

Auch bekannt als Schraubenführung, kann ein Bithalter verschiedene Bits für alle möglichen Schrauben halten. Er vergrößert Ihre Reichweite, damit sie auch an engen Stellen schrauben können. Der Halter hat eine Führungshülse, die man über die Schraube ziehen kann, um sie beim Einsetzen gerade zu halten. Funktioniert super.

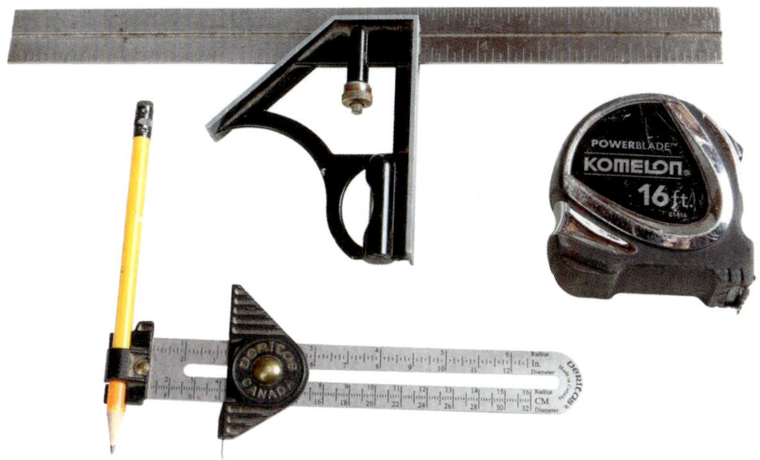

Werkzeuge fürs Markieren und Messen. Anzeichnen ist alles und mit diesen Werkzeugen wird es präzise. Nutzen Sie den Kombinationswinkel, um präzise Markierungen zu machen und auf rechte Winkel zu prüfen. Ein Maßband misst größere Entfernungen. Ein Maßstab kann gerade Linien zeichnen und für Kurven gebogen werden. Und Sie brauchen irgendeinen Zirkel (meiner ist extravagant) für kleinere Bögen.

Der beste Bohrer

Meine letzte Empfehlung beim Elektrowerkzeug ist mein Lieblingsgerät in der Werkstatt, ein Schlagschrauber, eine besondere Art Akkuschrauber, die zu benutzen einfach Spaß macht. Er ist etwas teurer als ein Standardbohrer, aber dafür kriegen Sie ein kompaktes 12 oder 18 Volt Modell das auch die längsten Schrauben reinbekommt. Das Coole daran ist die Vibrationsmechanik, die einsetzt, wenn Widerstand auftritt. Die Staccato-Schläge machen das kleine Werkzeug viel stärker, so kann man große Bolzen und Schrauben eindrehen, ohne dabei sein Handgelenk zu belasten oder den Schraubenkopf zu beschädigen. Vertrauen Sie mir, es ist großartig.

Schlagschrauber gehen genauso gut fürs Bohren, aber sie haben ein Schnellwechselfutter, das nur Sechskant-Bits aufnimmt. Für ein paar Euro mehr bekommen Sie ein Bohrfutter das normale Zylinderschäfte aufnimmt, dann können Sie mehrere Arten an Bits benutzen.

Ein Werkstattsauger ist gut

Fürs generelle Saubermachen, und um ihn direkt an Elektrowerkzeuge anzuschließen, ist ein Werkstattsauger eine gute Idee. Wenn sie einen Exzenterschleifer kaufen wollen (siehe Kapitel 6), brauchen Sie definitiv einen Staubsauger, damit das Gerät gut funktioniert und Sie keinen Holzstaub einatmen.

Werkstattsauger gibt es in allen möglichen Preisklassen, wobei die teureren Filtration auf HEPA-Level anbieten, und bei ihnen außerdem die Selbstreinigungsfeatures die Filter sauber und Saugkraft stark halten. Und es gibt solche eingebauten Werkzeugsteckdosen, die automatisch den Sauger aktivieren, wenn sie Schleifer, Säge oder anderes anschalten. Wie immer bei der Wahl der Werkzeuge kann man so ausgefallen werden, wie man möchte.

Dazu ein paar Handwerkzeuge fürs Anzeichnen

Für das Messen und Markieren, der kritischen ersten Phase von jedem Projekt, brauchen Sie ein paar essenzielle Handwerkzeuge. Neben einem gespitzten Bleistift ist das wichtigste der Kombinationswinkel mit beweglichem 30-cm-Lineal. Wie Sie im Buch sehen werden, nutzen Sie den Winkel, um Werkstücke akkurat zu markieren und sicher zu gehen, dass beim Sägen und Zusammenbau alles rechtwinklig ist.

Um Messungen durchzuführen, die länger als 30 cm sind, brauchen Sie ein Maßband. Da geht fast jedes, aber holen Sie sich eines, das mindestens 3 m lang ist. Ich habe auch gerne ein langes Metalllineal für gerade Linien. Einen 1,20-m-Maßstab aus Aluminium habe ich für 10 Euro im Baumarkt gefunden. Wie Sie sehen werden, nutze ich ihn, um lange elegante Bögen zu zeichnen.

Sicherheitsausrüstung: das Wichtigste aller Werkzeuge

Bei all den heißen Infos über coole Werkzeuge hätte ich fast die zwei wichtigsten Ausrüstungsteile meines Arbeitsplatzes vergessen: Augen- und Gehörschutz. Beim Hantieren mit Elektrowerkzeugen ist beides ein Muss.

Auch wenn es länger dauert, die Ohren zu schädigen als die Augen, verlieren die Ohren ihre Kraft auf eine zunehmende Art, die unwiderruflich ist. Und der laute Knall von Hammer oder Nagelpistole kann genauso schädigend sein wie das andauernde Kreischen Ihrer neuen Kappsäge.

Die gute Nachricht ist, dass Gehörschutz in der Form von Ohrenschützern billig, leicht und effektiv ist. Holen Sie sich mehrere, falls Sie mal ein Paar verlegen. Ohrstöpsel können auch eine gute Wahl sein, aber dabei muss man daran denken, sie immer zusammenzurollen und ordentlich reinzustecken, wenn man sie braucht. Und selbst dann bieten die meisten Ohrenschützer besseren Schutz. Cool ist auch, wie einfach sich Bluetooth einbauen lässt, damit man Podcasts oder Musik hören kann, wenn man monotone Arbeiten durchführt. Seien Sie nur vorsichtig, dass Sie sich nicht von Death-Metal oder Panflöte ablenken lassen.

Was Augenschutz angeht, kommen Sie wahrscheinlich gut mit einer normalen Brille aus, falls Sie eine tragen. Stellen Sie nur sicher, dass die Linsen aus bruchsicherem Polycarbonat bestehen. Nichtsdestotrotz sind Schutzbrillen die sicherere Variante. Sie schmiegen sich enger ans Gesicht an und wehren so auch kleinere Projektile ab die eventuell herumfliegen. Es gibt auch Schutzbrillen mit Stärke, wenn Sie Ihrer Alltagsbrille nicht vertrauen.

Danke an meinen Freund Chris Gardner, Redakteur von zwei tollen Heimwerkerwebseiten, ManMadeDIY.com und curbly.com, dafür, dass er als mein Sicherheitsmodel einspringt.

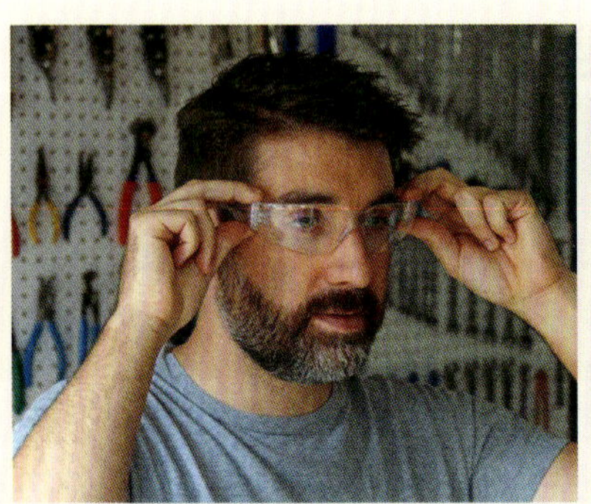

Schutzbrillen müssen nicht streberhaft sein. Halten Sie Ausschau nach Brillen, die sich ans Gesicht anschmiegen und angenehm zu tragen sind.

Ohrenschützer sind schnell und verlässlich. Achten Sie auf ein weiches Polster, damit die Ohren lückenlos bedeckt sind.

Bereit zum Loslegen. Mit geschützten Augen und Ohren haben Sie innere Ruhe. Denken Sie nur daran, auf Ihre Finger aufzupassen.

Diese Zwingen bieten am meisten für das Geld. Zwingen sind unentbehrlich und diese zwei Arten sind perfekt für den Einstieg. Rohrzwingen passen auf normale Klempnerrohre und haben eine große Reichweite. Kleinere Schraubzwingen können für alles andere genutzt werden. Ich mag die Größen 30 und 60 cm.

Eine Sammlung Handwerkszubehör. Sie brauchen Hammer, Schraubendreher (ich mag solche mit auswechselbaren Bits), verstellbaren Rollgabelschlüssel und ein paar andere verbreitete Werkzeuge.

Um engere Kreise und Bögen zu zeichnen, brauchen Sie einen Zirkel. Ich habe einen coolen, den Tischlerzirkel von Veritas (bei feinewerkzeuge.de erhältlich), aber ein normaler Zirkel zum Zeichnen reicht auch. Nehmen Sie sich vor Onlinewerkzeughändlern in Acht, die große Auswahl kann ganz schön verlockend sein.

Darüber hinaus brauchen Sie ein bisschen normalen Handwerkerbedarf, wie Hammer, Schraubendreher, Rollgabelschlüssel und so weiter. Kaufen Sie diese, wenn sie benötigt werden. Wie immer gilt, vermeiden Sie die billigsten Modelle. Kaufen Sie ordentliche Werkzeuge und sie werden Freunde fürs Leben.

Klemme zu!

Zu guter Letzt: Es heißt, dass ein Holzwerker nie genug Zwingen haben kann. Da widerspreche ich. Es gibt viele Arten und wenn Sie ausgefeilten Möbelbau praktizieren, dann brauchen Sie vielleicht alle. Aber für alles, was Sie in diesem Buch bauen und wahrscheinlich 90 % von dem, was Sie in der Zukunft erstellen, brauchen Sie nur eine Art: die F-förmigen Schraubzwingen. Die wiegen nicht viel, sind einfach zu benutzen und bringen punktgenauen Druck genau dort, wo Sie ihn brauchen. Auch hier gilt, kaufen Sie Qualität. Ich habe Schraubzwingen mit den Spannweiten 30 und 60 cm genommen. Besorgen Sie sich mindestens vier von beiden Größen. In den späteren Kapiteln werden Sie auch ein paar Holzzwingen sehen. Die sind kein Muss, aber althergebracht und doch praktisch, wenn man sie hat. Und auch wenn ich sie in diesem Buch nicht verwende, empfehle ich ein paar Rohrzwingen. Diese kann man an beliebig langen Rohren befestigen. Und das ist ihre Stärke: Sie reichen soweit wie benötigt. Man setzt sie einfach auf ein 1 Meter langes Rohrstück und falls Sie Sondergrößen benötigen, können Sie einfach ein längeres Rohr kaufen.

Erschwinglichkeit, Qualität und Vielseitigkeit erzeugen Wert und mir ist nichts wichtiger als Wert. Gerade genug kann manchmal richtig schön sein.

Alles über Holz

Holz gibt es in verschiedenen Formen. Einmal wäre da Holz direkt vom Baum und dann noch künstliche Platten: Sperrholz und MDF (mitteldichte Faserplatten, die flach, hart und nützlich sind). Fangen wir mit dem festen Zeug an.

Erstens: Massivholz fängt sägerau an und einige Arten bekommt man nur so. Aber Sie sollten bei Brettern bleiben, deren Oberfläche schon bearbeitet wurde, dann brauchen Sie keine teure Abrichthobelmaschine oder Tischkreissäge, um sie gerade und flach zu fräsen.

Zweitens: Holz arbeitet – soll heißen, es dehnt sich aus und zieht sich zusammen durch jahreszeitbedingte Änderung der Feuchtigkeit. Der Schlüssel ist, dass es kaum entlang der Länge, aber dafür entlang der Maserung wächst und schrumpft; sich wenig in der Dicke und viel in der Breite verändert. Die feuchtigkeitsbedingte Veränderung variiert je nach Region, aber egal wo Sie wohnen, Sie werden etwas Holzbewegung beim Design einplanen müssen.

Hier ein häufiges Problem: Stellen Sie sich ein breites Brett vor, dass flach liegt und an einem anderen Brett im rechten Winkel anliegt, wie bei einer Art Rahmen. Ein Brett bleibt entlang der Länge gleich, während sich die Breite des anderen verändert. Sehen Sie das Problem, vor allem wenn die Bretter sehr breit sind? Holzbewegung wird für die meisten unserer Projekte kein Faktor sein, für einige aber schon und dann werde ich auch darauf eingehen.

Sperrholz und MDF schrumpfen und wachsen praktisch nicht, sind meist flacher als Massivholz und bleiben auch so. Alles Eigenschaften, die wir uns zunutze machen.

Wo man es bekommt

Wenn es darum geht, Holz zu kaufen, ist man am besten beim Baumarkt bedient. Dort findet man eine schöne Auswahl an Massivholz mit bearbeiteter Oberfläche, von Bodendielen über Premium-Hartholz und weitere Teile für Projekte in allen Formen und Größen[1]. Von denen nehme ich vollsten Gebrauch in diesem Buch.

1 Das gilt für den deutschsprachigen Raum leider nicht. Die Holzauswahl in Baumärkten kann man getrost als sehr eingeschränkt bezeichnen. Für alles was über Kiefer hinaus geht, werden Sie sich nach Holzhandlungen umsehen müssen. Die gibt es aber überall.

Die Preise im Baumarkt sind besonders gut, eventuell müssen Sie aber etwas suchen, um Bretter zu finden, die gerade und unbeschädigt sind. Über den Baumarkt hinaus gibt es Sägewerke mit angeschlossenem Holzverkauf, die eine größere Auswahl an Bodendielen und Hartholz bieten. Die Holzqualität ist höher als im Baumarkt, das gilt aber auch für die Preise. Das Gute an Baumärkten ist all das andere Zeug, das man dort finden kann, wie Schrauben, Bolzen, Rohre und andere Sachen zum Bauen.

Etwas seltener gibt es Holzfachhändler, die verschiedene Holzarten aus der ganzen Welt haben, zudem auch außergewöhnliche Furnierplatten, die ziemlich cool sind. In diesem Buch gehe ich auch zum Fachhändler, allerdings vermeide ich das richtig teure Zeug dort.

Im Allgemeinen sollten sie bei Holzarten bleiben, die in der Region wachsen. Sie sparen eine Menge Geld, wenn man das Material nicht durch die ganze Welt verschiffen muss.

Manche Leute arbeiten gerne mit wiederverwertetem Holz – alte Dielen, Bretter von Hütten und sowas – und es ist toll, wenn Sie Bretter finden, die zu Ihrem Vorhaben passen und Sie einen rustikalen, wiederverwerteten Look haben möchten. Aber Sie brauchen wahrscheinlich eine Tischkreissäge, wenn Sie solches Holz auf die richtige Größe schneiden wollen, und eine Hobelmaschine, um die Dicke zu ändern und Oberflächen zu glätten. Und dann treffen Sie vielleicht einen Nagel und brauchen ein neues Sägeblatt für Ihre Maschine. Aber es kann die Mühen durchaus wert sein.

Was Sperrholz und MDF angeht, da hat der Baumarkt wieder weniger Auswahl als das Sägewerk, aber bessere Preise. Holzfachhändler haben noch mehr und sind, genau wie Sägewerke, gerne bereit, exotischere Arten zu bestellen, die nicht vorrätig sind.

Keine Angst, Fragen zu stellen

Sie fühlen sich vielleicht etwas hilflos, wenn Sie das erste Mal zum Sägewerk oder Fachhändler gehen, aber denken Sie daran, dass die guten Leute dort Ihnen Holz verkaufen wollen und Sie gerne als Stammkunde hätten. Daher gibt es auch keine dummen Fragen.

Fragen stellen kann Ihnen auch Holz aus ungeahnten Quellen verschaffen. Für den Schreibtisch in Kapitel 7 wollte ich eine große dicke Platte mit natürlichem gewelltem Rand aus Baumrinde. Ich weiß, dass einige Hartholzhändler große Platten vorrätig haben, aber die verkaufen sie meist an Profis, die gerne viel zahlen und es dann auf ihre Kunden abwälzen.

Andererseits haben auch Privatpersonen manchmal Platten, die sie gerne loswerden wollen. Also habe ich bei meinem lokalen Holzhandwerkerclub, der Oregon Holzwerker Gilde, nachgefragt, ob sie jemanden kennen, der solche Platten verkauft. Und siehe da, jemand empfahl einen lokalen Profi, dem ich kurz am Telefon erklärt habe, was ich suche. Er hatte genau das richtige auf Lager und es für weniger als die Hälfte verkauft, die ich beim Fachhändler gezahlt hätte.

Bringen Sie sich ein in Ihrem lokalen Holzwerker-Stammtisch oder Hobbytreff und schon bald machen sie Bekanntschaften, werden inspiriert, erfahren von tollen Angeboten und bekommen Zugang zu Werkzeug, das Sie nicht zu Hause haben. Wie ich im letzten Kapitel schon sagte, der Schlüssel ist einfach eintauchen.

Also genug geredet – jetzt wird gebaut.

Gegen die Maserung

Bei Verbindungen wie dieser hier wird sich durch jahreszeitbedingte Änderung der Feuchtigkeit das eine Brett entlang der Verbindungslinie zusammenziehen und ausdehnen, das andere aber nicht. Also darf das sich bewegende Brett nicht zu breit sein. Außerdem hält Holzleim nicht sehr gut auf Hirnholz. Also brauchen Sie mehr als Leim, um so arrangierte Teile zu verbinden.

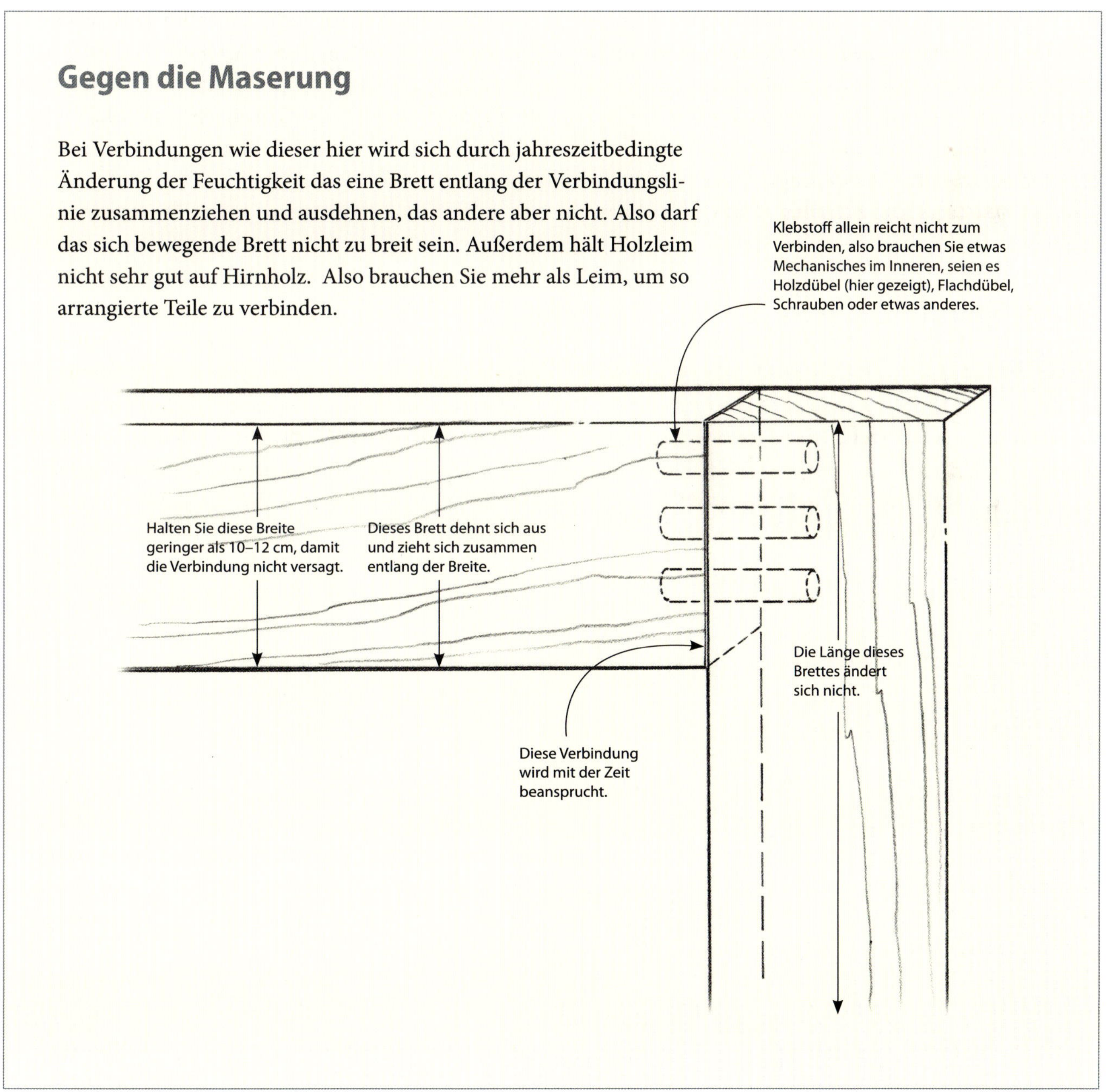

BAUHOLZ FINDEN

Ich habe 90 Prozent der Utensilien für dieses Buch im Baumarkt vor Ort bekommen und den Rest aus diversen anderen Quellen, etwa beim Holzfachhändler oder aus den Weiten des Internets.

Grosse Baumärkte sind gut gefüllt. Bodendielen (unten links) sind toll für Outdoorprojekte, es gibt immer eine Auswahl an Harthölzern (rechts), zudem weiteres Zubehör wie diese extra breiten Kieferplatten (unten rechts) sowie kleinere Teile und Stücke (unterhalb).

Sägewerke sind auch toll. Ihr örtliches Sägewerk für Bauunternehmer hat normalerweise eine große Auswahl an bearbeiteten Harthölzern zusätzlich zu all den Materialien, die man im Baumarkt findet. Stellen Sie sicher, dass die Bretter gerade sind, bevor Sie sie mitnehmen.

Holzfachhändler haben noch bessere Bretter. Holzfachhändler sind wie Süßigkeitenläden für Hölzer aus aller Welt. Als Anfänger sollten Sie nach Brettern mit bearbeiteter Oberfläche Ausschau halten. Wenn solche nicht vorrätig sind, werden die Angestellten gerne Ihre sägerauen Bretter für kleines Geld schleifen.

2 Zwei Projekte zum Verbessern der Werkstatt

Ich bin definitiv nicht jemand der versucht seine Werkstatt zu perfektionieren, bevor er richtig mit dem Bauen anfängt, aber ein bisschen Vorbereitung zahlt sich aus. Also machen wir einen Kompromiss. Wir fangen direkt mit dem Bauen an, aber mit zwei einfachen Projekten, mit denen ihre Werkstatt effektiver arbeitet. Besser noch: das erste Projekt wird Ihnen beim Bau des zweiten helfen.

Jede Werkstatt braucht ein paar feste Unterlagen, um darauf zu arbeiten. Später möchten Sie vielleicht eine richtige Werkbank bauen oder kaufen, mit Schraubstock zum Halten und sichern von Werkstücken. Aber für den Moment – und tatsächlich alle Projekte in diesem Buch – ist eine Arbeitsstation mit praktischem Stauraum alles, was Sie wirklich brauchen. Um Zeit zu sparen, nutzen wir einen Küchenschrank als Kern, packen eine stabile Oberfläche drauf und Räder unten dran, damit man die Station in die Ecke schieben kann, wenn man sie nicht braucht.

Alte Wandschränke sind einfach zu finden – den hier habe ich für 85 € im Gebrauchtwarenladen gefunden – aber ein Küchenschrank ist noch nicht bereit für die Show, bringt noch nicht alles mit, was wir benötigen, also pimpen wir ihn auf mit etwas Kantholz, einem Satz Rollen, einem Liter Farbe und einer MDF-Platte MDF (mitteldichte Faserplatte).

Damit Sie die 120 x 240 cm MDF-Platte in den Griff bekommen – genau wie alle kommenden Spanplatten – bauen wir davor einen meiner liebsten Werkstatthelfer, eine Sägeführung.

Eine Sägeführung macht aus jeder Kreissäge ein idiotensicheres Präzisionsschneidewerkzeug.

Manche nennen so einen selbstgemachten Werkzeughelfer „Sägevorrichtung“. Das klingt doch schon richtig professionell.

Projekt 1

Die simple Sägeführung ist der Sperrholz-Meister

Diese einfache, aber großartige Führung für Ihre Kreissäge benötigt zwei 60 x 120 cm Stücke MDF, das eine dick, das andere dünn, erhältlich in jedem Baumarkt. Die Führung kann fast alles, was eine Tischkreissäge kann: gerade Schnitte in jedem Material und in jede Richtung, stets genau auf der Markierung. Der Anschlag führt die Säge und der Rand der Basis zeigt genau, wo die Säge schneiden wird.

Grundaufbau

Das wichtige ist, den Anschlag breit genug zu machen, damit Sie Platz für Zwingen haben, ohne dass der Sägemotor dranstößt, und die Basis breit genug, um Platz zu haben für den Anschlag plus die Entfernung von Sägeblatt zum Rand des Sägeschuhs, plus ein kleines bisschen.

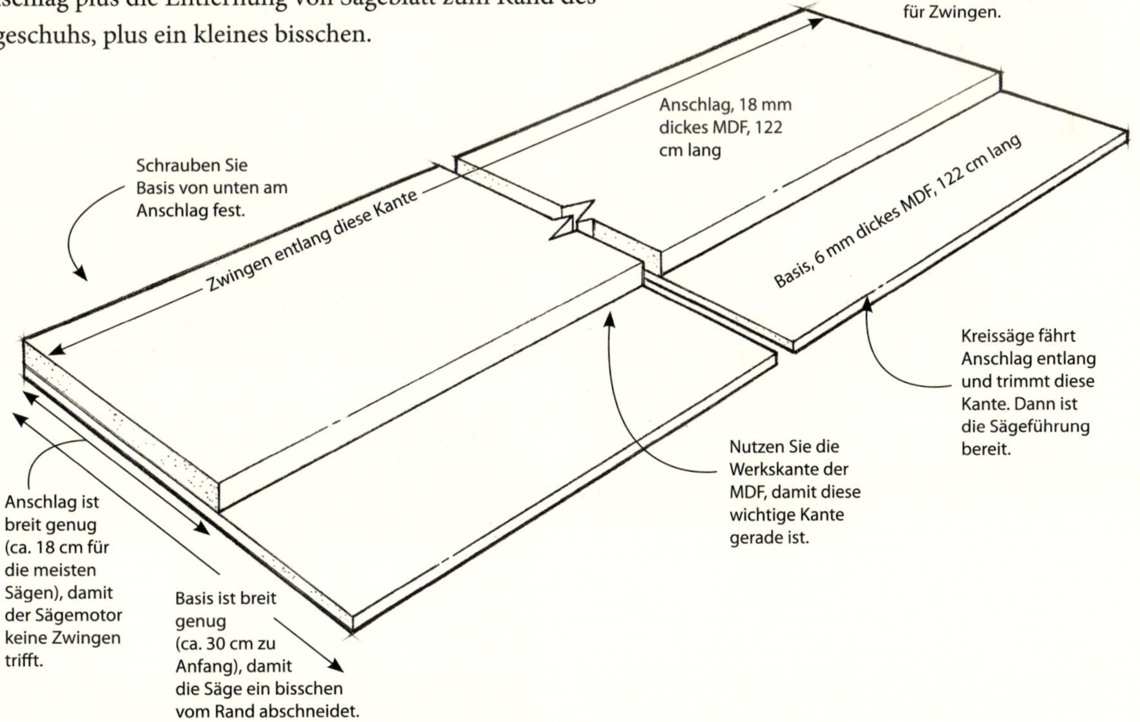

Messen Sie, wie weit der Sägemotor überhängt. Lassen Sie genug Platz für Zwingen.

Anschlag, 18 mm dickes MDF, 122 cm lang

Schrauben Sie Basis von unten am Anschlag fest.

Zwingen entlang diese Kante

Basis, 6 mm dickes MDF, 122 cm lang

Kreissäge fährt Anschlag entlang und trimmt diese Kante. Dann ist die Sägeführung bereit.

Nutzen Sie die Werkskante der MDF, damit diese wichtige Kante gerade ist.

Anschlag ist breit genug (ca. 18 cm für die meisten Sägen), damit der Sägemotor keine Zwingen trifft.

Basis ist breit genug (ca. 30 cm zu Anfang), damit die Säge ein bisschen vom Rand abschneidet.

Cleverer Ansatz für eine gerade Sägeführung

Das Wichtige hier ist, das Werksende der MDF als Anschlag zu nutzen und die Basis breit genug zu lassen, sodass ein bisschen durch die Säge abgetrennt wird und man sehen kann, wo sie hinterher schneiden wird.

1 Die Säge ausmessen. Die wesentliche Abmessung ist der Abstand zwischen Sägeblatt und der inneren Kante des Sägeschuhs.

2 Die Basis zuschneiden. Dieser Schnitt ist nicht entscheidend, also zeichnen Sie einfach eine Linie 30 cm entfernt von der Kante und sägen an ihr entlang. Stellen Sie die Sägetiefe auf mindestens 12 mm, damit Sie durch die 6 mm dicke Platte kommen. Hier sehen Sie eine Dämmplatte unter dem Werkstück. Das ist eine tolle Unterlage für Sperrholz und Faserplatten, um den Tisch darunter zu schützen. Fixieren Sie das Werkstück, damit es nicht verrutscht.

3 Nun den Anschlag sägen. Dieser Schnitt ist auch nicht entscheidend, da ich das schnurgerade Werksende (hier am nächsten zu mir) als Kante zum Führen der Säge nutzen werde.

4 Durchgangsloch bohren. Beachten Sie die eingezeichnete Linie, die die Kante des Anschlags markiert, damit ich weiß, wo die Schrauben hin müssen. Das hier wird die Unterseite der Sägeführung, daher brauchen die Löcher eine Senkung, damit die Schrauben bündig sind und alles eben ist.

5 Der Fühl-Trick. Ein Durchgangsloch lässt die Schrauben frei durch. Um einen Bohrer zu finden, der dieselbe Größe wie die Schraube hat, rollen Sie einfach beide zwischen den Fingern und vertrauen auf Ihr Fingerspitzengefühl.

6 Kombi-Bohrer mit Senker. Man kann Bohren und Senken separat machen oder ein Kombi-Bit wie dieses hier benutzen.

7 Auch vorbohren. Spannen Sie die Basis auf den Anschlag und nutzen die größeren Löcher als Vorlage, um die dünneren Vorbohrungen in den darunterliegenden Anschlag machen. Die Klebebandflagge hilft mir, nicht durch den Anschlag durchzubohren und mein wunderschönes Werk zu verunstalten.

Das Geheimnis für super starke Schrauben

Bohren Sie passende Durchgangslöcher und Vorbohrungen und Ihre Schrauben werden unglaublich stark. Mit einer Senkung oben sind die Schraubköpfe bündig.

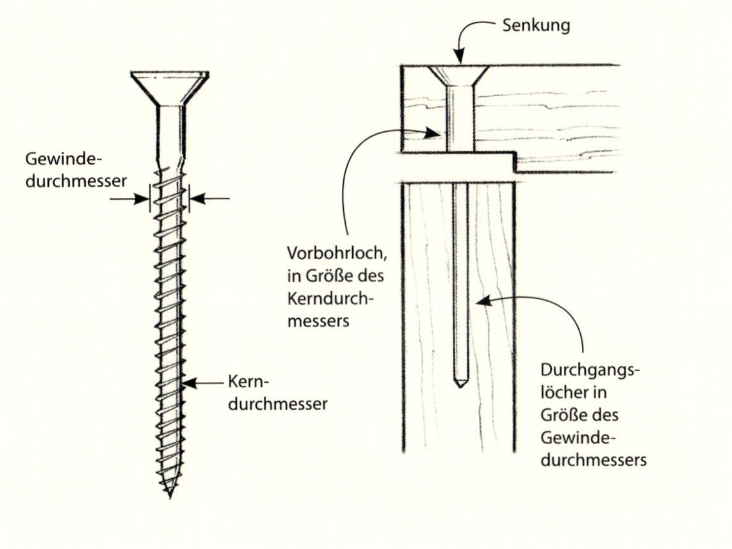

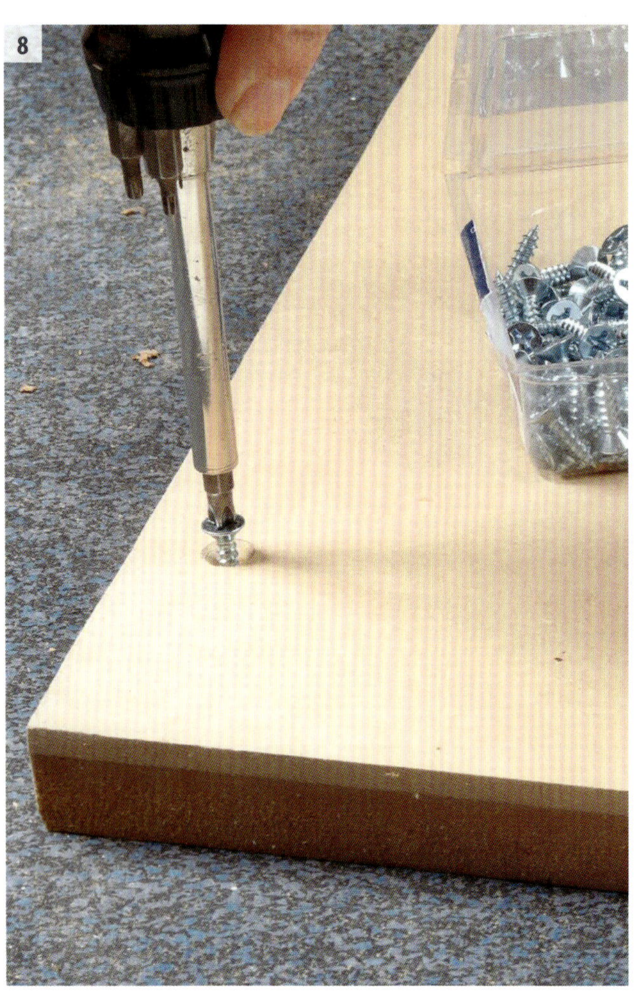

8 **Schrauben halten perfekt.** Sie sind bündig mit der Basis, halten den Anschlag fest und ziehen die beiden Teile fest zusammen. Dank der Senkung sitzen die Schraubenköpfe jetzt leicht unterhalb der Oberfläche.

9 **Vor dem Benutzen kürzen.** Lassen Sie beim Bau der Führung einen kleinen Überstand dran. Dann wenn Sie ihn abgeschnitten haben, zeigt Ihnen der Rand jedes Mal genau, wo die Säge in Zukunft schneiden wird.

Ein nützlicher Hebel

Manchmal hilft es, die Schutzhaube etwas anzuheben, um mit dem Sägen anzufangen, anstatt das Werkstück sie aus dem Weg schieben zu lassen. Drücken Sie dafür den Hebel an der Oberseite der Säge nach vorn.

Projekt 2

Eine bewegliche Arbeitsstation

Ich habe diesen alten Wandschrank für 85 € gefunden, die Seiten bemalt und eine dicke Oberseite sowie Rollen angebracht. Das ergibt eine mobile Arbeitsstation für meine Kappsäge mit nützlichem Stauraum im Inneren. Das ist die einzige Werkbank, die Sie brauchen, um mit dem Bau von Projekten anzufangen. Lassen Sie die Oberseite überhängen, so können Sie einfach Sachen dranklemmen. Dann nehmen Sie Ihr Werkzeug von unten raus und legen los.

Küchenschrank Plus

Fangen Sie mit einem normalen Küchenschrank an (gebrauchte Modelle sind billig) und fügen eine dicke Oberseite sowie eine Unterseite mit Rollen dazu, um eine mobile Werkbank zu bauen.

1 **Ober- und Unterseite zuschneiden.** Nutzen Sie hierfür Ihre Sägeführung. Sie brauchen nur jeweils eine Markierung an Anfang und Ende des Schnittes, dann können Sie die Führung ausrichten, einspannen und sägen. Hier sehen Sie wieder die Dämmplatte unter dem Werkstück zum Schutz des Tisches.

2 **Zwei dicke obere Lagen.** Das geht, indem Sie durch die untere in die obere Lage schrauben (beide sind hier umgedreht). Schnellbauschrauben mit 35 mm reichen aus. Bohren Sie einfach Durchgangslöcher in die untere Lage und sorgen für eine Senkung. Ich habe hier meinen Senk-Bohrer benutzt. In der oberen Lage (in diesem Bild unten) brauchen Sie keine Vorbohrung.

3 **Schrank umdrehen und Oberteil befestigen.** Legen Sie das Oberteil mit der Oberseite nach unten auf den Boden, platzieren den Schrank verkehrt herum darauf und messen den Kantenabstand, damit der Überhang gleichmäßig lang wird. Fast alle Küchenschränke haben eine Stelle, wo man eine Arbeitsplatte befestigen kann. Falls Ihrer sowas nicht hat oder es Ihnen nicht stabil genug erscheint, müssen Sie eventuell ein paar extra Streifen oben um den Schrank herum anleimen und -schrauben (während der Schrank richtig herum steht), so wie wir es gleich mit der Unterseite machen.

4 **Die Unterseite des Schranks verbessern.** Um die Basis und die Rollen an der dünnwandigen Schrankunterseite zu befestigen, müssen wir sie verstärken. Machen Sie das, indem Sie ein paar 60x100 mm Kanthölzer zuschneiden, sodass sie in die Umrandung passen, eine dicke Schicht Holzleim darauf auftragen und durch die Außenseite des Schranks festschrauben, um sie zu befestigen. Machen Sie auch hier wieder Durchgangslöcher und Senkungen. Halten Sie die Holzstücke beim Schrauben gerade zur Schrankunterseite.

Grundaufbau

Nehmen Sie einen Schrank (für den Boden)Unterschrank der weniger als 106 cm breit ist, damit eine 120 cm breite MDF-Standard-Platte als Ober- und Unterseite passt. Mit dem hier war ich zufrieden. Die Schubladen sind nützlich und ich mag offene Regale lieber als Türen. Wenn Sie die schwere 120x240 cm Platte kaufen, fragen Sie die Mitarbeiter im Laden, ob sie diese in kleinere Teile schneiden können, damit der Transport einfacher ist.

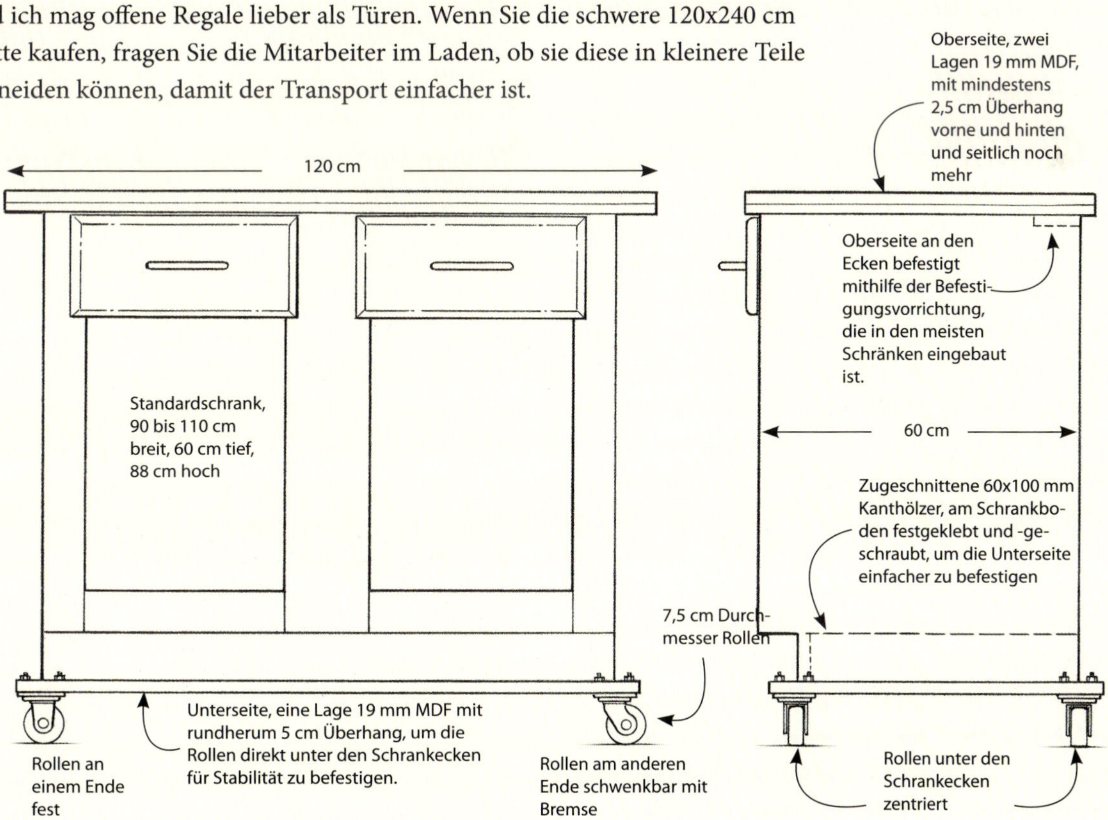

Oberseite, zwei Lagen 19 mm MDF, mit mindestens 2,5 cm Überhang vorne und hinten und seitlich noch mehr

120 cm

Oberseite an den Ecken befestigt mithilfe der Befestigungsvorrichtung, die in den meisten Schränken eingebaut ist.

Standardschrank, 90 bis 110 cm breit, 60 cm tief, 88 cm hoch

60 cm

Zugeschnittene 60x100 mm Kanthölzer, am Schrankboden festgeklebt und -geschraubt, um die Unterseite einfacher zu befestigen

7,5 cm Durchmesser Rollen

Unterseite, eine Lage 19 mm MDF mit rundherum 5 cm Überhang, um die Rollen direkt unter den Schrankecken für Stabilität zu befestigen.

Rollen an einem Ende fest

Rollen am anderen Ende schwenkbar mit Bremse

Rollen unter den Schrankecken zentriert

5

6

7

5 Die Rollen auf der Unterseite platzieren. Schneiden Sie noch ein Stück MDF zu, rundherum 5 cm größer als der Schrankboden, damit Sie die Rollen anbringen können. Zeichnen Sie Linien ein, die den Umriss des Schranks markieren und platzieren die Rollen mittig auf den Ecken des Schranks, um die Bohrlöcher anzuzeichnen. Dann bohren Sie diese.

6 Sicherungsscheibe nutzen. Die Oberseiten der Schrauben bekommen normale Unterlegscheiben, die Seiten mit den Muttern kriegen Federringe. Setzen Sie die Schrauben in die äußeren Löcher rein, aber noch nicht in die inneren.

7 Letztes Loch kriegt Schlüsselschraube. Platzieren Sie die Basis mit Rollen auf den Schrankboden. Das Loch zur Mitte jeder Rolle bekommt noch eine Schlüsselschraube (eine große, dicke Holzschraube mit Sechskantkopf) in die gerade befestigten Kanthölzer geschraubt. Sie haben zwar schon die passenden Löcher in der Basis, aber Sie brauchen noch Vorbohrungen in den untenliegenden Kanthölzern für die Schlüsselschrauben. Und um sicher zu gehen, dass die Basis gut befestigt ist, schrauben Sie noch ein paar Trockenbauschrauben in die Kanthölzer darunter.

Rollen Einmaleins

Urethanrollen sind die besten, mindestens 7,5 cm Durchmesser. Die beste Aufstellung für Werkstattrollen sind zwei fixierte und zwei Schwenkrollen mit Bremse. Damit kann man den Schrank in enge Ecken manövrieren, ist aber stabiler als mit vier Schwenkrollen.

Einfache Arbeitsstütze für die Kappsäge

Es ist sehr hilfreich, eine Stütze zu haben, die auf gleicher Höhe wie die Auflage der Kappsäge ist, damit lange Werkstücke beim Sägen stabil bleiben. Das geht ganz einfach mit einem Kantholz und ein paar Schrauben

Sicheres Sägen. Um lange Bretter gerade zu halten, schrauben Sie ein paar Kantholzstücke zusammen und bringen dann ein paar Schrauben an den unteren Ecken an (rechts), um die Höhe zu justieren.

3 Party-Zubehör

Ich weiß, die Party kommt normalerweise erst zum Schluss, aber unsere Reise soll ja von Anfang an Spaß machen. Ein Flaschenöffner und ein Sackloch-Spiel sind zwei Partyutensilien, die jahrelang Freude machen. Jeder weiß, dass Flaschen öffnen Spaß macht, besonders wenn etwas Leckeres drin ist wie Craftbier oder vielleicht eine besonders gute Limonade. Aber wenn sie Sackloch noch nicht kennen, dann verpassen Sie ein tolles Spiel für Partys im Garten oder unterwegs. Es ist ein bisschen wie Dartspielen, aber ohne die Gefahr die Nachbarskinder aufzuspießen.

Das Spiel kommt aus Amerika und heißt dort „Cornhole“. Das kommt von den Säckchen, die mit Mais (corn) gefüllt sind und dem Loch (hole), in das man sie werfen muss. Daneben hat „Cornhole“ noch eine zweite, leicht vulgäre Definition in Amerika, aber da will ich jetzt nicht weiter drauf eingehen.

Wie die meisten Projekte in diesem Buch sind diese beiden Party-Accessoires einfach gebaut mit dem Meer an Utensilien, die Sie im Baumarkt finden. Ich habe dort auch schon Flaschenöffner gesehen, aber ich bin Online gegangen, um genau den Öffner zu finden, den ich haben wollte, genauso wie den Supermagneten der dieses Projekt in einen Partytrick verwandelt (siehe unten).

Deckelfänger. Flasche auf und Deckel fallen lassen. Er stoppt in der Luft und hängt an Ihrem Lieblingsspruch oder Logo oder was auch immer Sie drankleben. Der Trick ist ein Seltene-Erden-Magnet, der in der Rückseite versteckt ist.

Projekt 3

Magischer Flaschenöffner

Gehen Sie online und Sie werden alle möglichen Flaschenöffner finden, im Vintage-Look oder mit Sport-Design. Man findet sogar kleine Taschen zum Auffangen der Deckel, beides kann einfach an ein Stück Holz geschraubt werden. Um das Öffnen noch unglaublicher zu machen, habe ich mir einen Trick aus dem Internet abgeschaut. Indem man einen Seltene-Erden-Magnet in die Rückseite einsetzt, bringt man die Deckel dazu, sich wie von Zauberhand am Holz zu sammeln.

Ich habe noch einen draufgesetzt, indem ich das Logo meines Lieblings-Sportvereins dort, wo sich die Deckel sammeln, hingeklebt habe. Ich habe das Brett an die Form des Logos angepasst, aber die meisten Logos sind sowieso rund, also sollte die Form für die meisten passen. Wenn Ihr Lieblingslogo, chinesisches Schriftzeichen oder ironisches Bild eines verhassten Politikers nicht rund ist, bin ich mir sicher, dass Sie die Form des Brettes entsprechend anpassen werden.

Grundaufbau

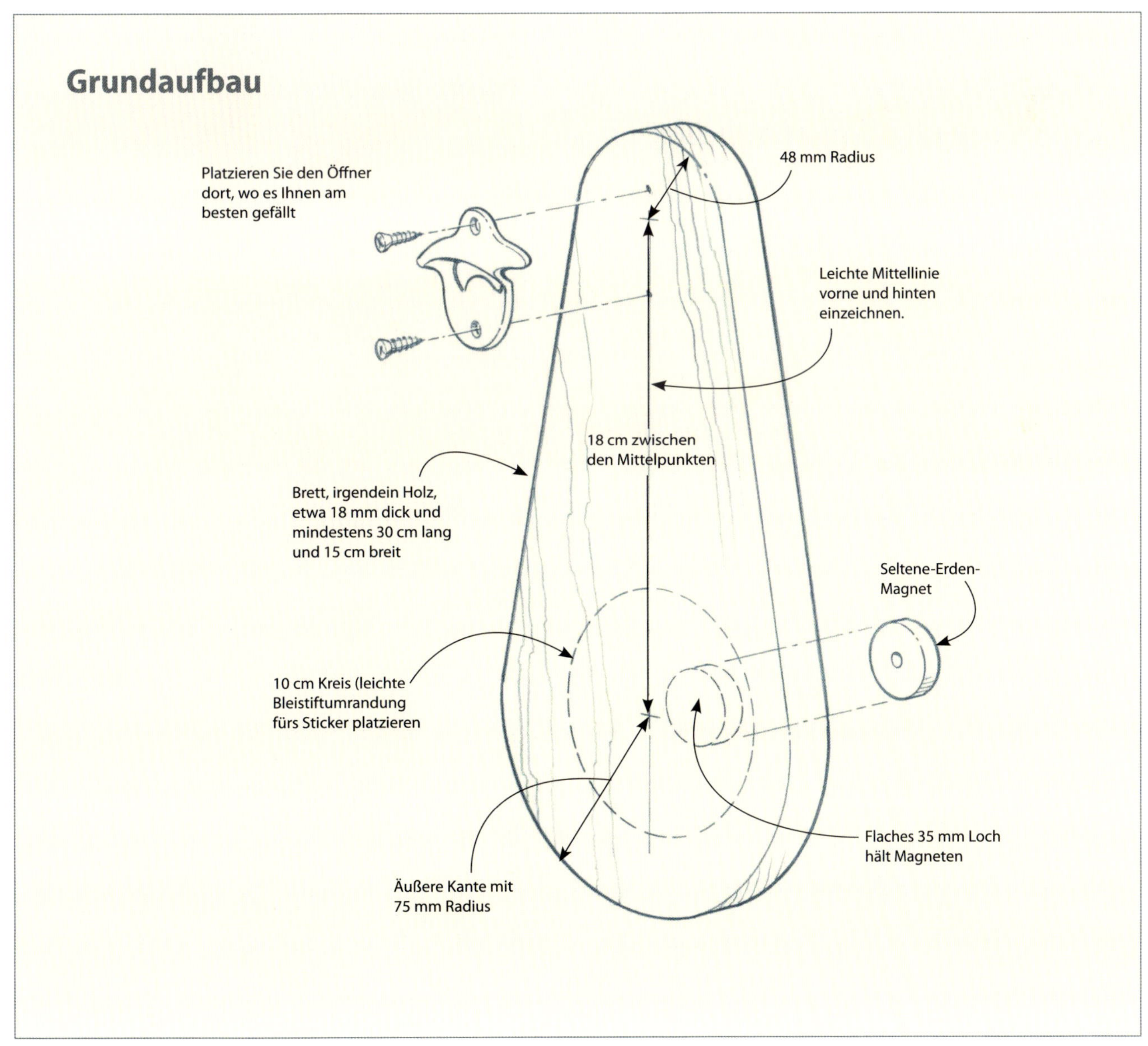

Anzeichnen ist alles

Diesen Spruch habe ich von meinem Freund Marc Adams geliehen, der die größte Holzhandwerksschule in Nordamerika betreibt. Zudem ist es einfach Fakt.

1

1 Ein Stück abschneiden. Dieses Holz ist Hemlocktanne[1], die in Amerika und Asien wächst, aber jedes schöne Brett funktioniert genauso gut. Sägen Sie es auf die benötigte Länge.

2

2 Mittellinie, vorne und hinten. Mit Ihrem Kombiwinkel zeichnen Sie eine leichte Mittellinie auf Vorder- und Rückseite des Brettes (messen Sie die Breite und teilen sie durch zwei). Das hilft dabei, die Bögen und Anbauteile mittig anzuordnen.

3

3 Zwei Bögen einzeichnen. Der kleinere kommt nach oben (siehe "Grundaufbau" auf der Seite gegenüber) und der Radius des anderen sollte 2,5 cm größer als Ihr Aufkleber sein, damit das Holz ihn schön umrandet. Ich mag meinen pfiffigen Zirkel von Veritas, aber jeder Zirkel ist hierfür geeignet.

4

4 Die Kurven verbinden. Gerade Linien vollenden die Form.

5

5 Ein Kreis noch. Dieser Kreis ist ein kleines bisschen größer als Ihr Aufkleber und hilft später beim Platzieren. Drücken Sie nur leicht auf, damit Sie einfacher radieren können.

Materialien

- Starr X Flaschenöffner (bei diversen Onlinehändlern erhältlich)
- Seltene-Erden-Magnet (Neodym), 35 x 5 mm mit versenktem Loch (bei diversen Onlinehändlern erhältlich)
- Linsenkopfbeschlag, doppeltes Schlüsselloch, 14 x 75 mm

1 Hemlocktanne kann durch Kiefer ersetzt werden.

Das Brett schneiden und schleifen

Eine Stichsäge sägt Kurven und Geraden gleichermaßen gut.

1 **Langsam und beständig.** Spannen Sie das Werkstück ein und bleiben Sie beim Sägen knapp außerhalb der Linie. Nutzen Sie die innenliegende Hand, um den Sägeschuh flach auf dem Holz zu halten.

2 **Die Kanten schleifen.** Nutzen Sie einen Schleifklotz, zuerst mit 80er Körnung und dann mit 120er, um die Kante bis zur Linie runter zu schleifen (links). Fühlen Sie mit Ihren Fingern, ob die Kurven eben und glatt sind. Dann schleifen Sie eine kleine Abschrägung an den oberen und unteren Kanten (links unten).

1

2

Stichsäge Grundlagen

Viele übersehen die Stichsäge als ernstzunehmendes Holzarbeitsgerät und warten, bis Sie sich eine teure Bandsäge leisten können, um Kurven zu sägen. Aber mit den richtigen Sägeblättern bewaffnet kann auch die Stichsäge saubere, glatte Kurven und gerade Schnitte machen.

Die Auflage überprüfen. Nutzen Sie einen Winkel, um das Blatt rechtwinkelig zum Sägeschuh einzusetzen.
Bonus-Tipp: Machen Sie ein paar Probeschnitte – gerade und kurvig – um sich an das Werkzeug zu gewöhnen.

Kauf bessere Blätter. Es gibt spezielle Sägeblätter, die für saubere Schnitte in Holz entwickelt wurden. Die sind außerdem länger als Standardblätter und können so auch dickere Bretter sägen.

Ein eigener Schleifklotz

Ein Schleifklotz gibt Ihnen mehr Kontrolle, als das Papier nur mit Ihren Fingern zu halten. Jedes Stück Holz kann dafür verwendet werden, es sollte lediglich ein bisschen kleiner als ein Viertelblatt Schleifpapier sein.

Die Kanten des Klotzes abrunden. So bleibt das Schleifpapier nicht am Werkstück hängen und reißt nicht. Zudem liegt es flacher auf dem Klotz.

Reiß-Tipp. Falten Sie das Papier in der Mitte, beidseitig, und nehmen dann ein Metalllineal, um es glatt in vier Teile zu reißen.

Den Magnet verstecken

Ein großer Seltene-Erden-Magnet wird im Brett eingebettet, um die fallenden Deckel zu fangen.

1 **Den Mittelpunkt markieren.** Er befindet sich hinter dem Logo-Aufkleber, daher ist es der gleiche Punkt, den Sie auf der Vorderseite verwendet haben.

2 **Einen grosseen Bit nehmen.** Ein Flachfräsbohrer würde bei einem weichen Holz wie diesem hier reichen, aber ich habe einen Forstnerbohrer genommen, den ich zur Hand hatte. Der Bohrer hat einen Durchmesser von 35 mm, also genau richtig für den Magneten.

3 **Dieses Futter brauchen Sie vielleicht.** Ein Schlagschrauber nimmt nur Sechskantbits und mein 35 mm Forstnerbohrer hat einen Zylinderschaft. Ein Schnellspann-Bohrfutter löst dieses Problem.

1

2

3

4 So tief wie Sie sich trauen. Je tiefer Sie gehen, desto besser funktioniert der Magnet. Nutzen Sie den Forstnerbohrer, um fast durch das Brett zu bohren. Überprüfen Sie immer wieder die Tiefe, damit Sie nicht die Vorderseiten durchbohren!

5 Den Magnet festkleben. Sekundenkleber (Cyanoacrylat-Kleber) bindet sowohl Holz als auch Metall. Spritzen Sie ein wenig rein und drücken dann den Magneten ins Loch.

6 Den Sticker aufkleben. Wenn Sie genau hinsehen, können Sie den leichten Bleistiftkreis erkennen. Der hilft Ihnen dabei, den Aufkleber richtig zu platzieren.

7 Einige Aufkleber brauchen Hilfe. Meiner ist aus Vinyl und klebt nicht besonders stark. Daher habe ich die Rückseite vorher mit Kontaktkleber besprüht.

Anbauteile platzieren

1

2

3

1 **Schraublöcher markieren.** Platzieren Sie den Flaschenöffner dort, wo er gut aussieht, aber auf der Mittellinie und markieren die Mitte der Löcher. Dann das Brett umdrehen und den Linsenkopfbeschlag (Schrankaufhänger) direkt hinter dem Flaschenöffner platzieren und die Löcher markieren.

2 **Vorbohren.** Nehmen Sie zunächst einen kleinen Nagel, um eine Vertiefung an jeder Markierung zu machen, der Sie mit dem Bohrer folgen können. Für diese Vorbohrung nehmen Sie einen Bohrer, der etwas kleiner als die Schrauben ist. Bringen Sie eine kleine Klebebandfahne an, damit Sie nicht durch das Brett bohren. Wenn die Fahne die Späne wegfegt: Aufhören zu bohren. Ich liebe diesen Trick.

3 **Die Linien radieren.** Bevor Sie die Polyurethanlackierung auftragen, radieren Sie die Bleistiftmarkierungen weg und entfernen den Staub.

Zwei schnelle Schichten Polyurethan

Eine dickere Version dieser Lackierung, die mehr Schutz bietet, behandele ich in Kapitel 5. Der Flaschenöffner braucht nur zwei Schichten.

1 **Auftragen.** Holen Sie ein ölbasiertes Satin-Polyurethan, mischen es gut durch und tragen es gleichmäßig mit einem Schaumpinsel auf. Zuerst die Vorderseite und die Kanten, alles trocknen lassen und dann das Brett umdrehen und die Rückseite fertig machen.

2 **Schleifen und wiederholen.** Schleifen Sie die Holzbereiche leicht mit 220er Schleifpapier, wischen den Staub ab und tragen noch eine Schicht mehr auf.

Teile anbauen und geniessen

Der Rest ist einfach. Mit der fertigen Lackierung sind die Anbauteile schnell befestigt.

1 **Aufhänger anschrauben.** Dieser Aufhänger hat zwei Schlüssellöcher für extra starken Halt. Sie müssen nur noch zwei kleine Schrauben an der Wand oder wo auch immer sie den Öffner aufhängen wollen befestigen.

Der Linsenkopfbeschlag hält sich an den Schrauben fest.

2 **Jetzt der Flaschenöffner.** Der kommt oben auf die Vorderseite, dort wo es Ihnen am besten gefällt. Dank der Vorbohrungen gehen die Schrauben schnell rein.

3 **Volltreffer!** Die Deckel werden jedes Mal aufgefangen. Ihre Freunde werden begeistert sein.

Projekt 4

Lass uns Sackloch spielen!

Dieses Spiel ist kein Witz, zumindest nicht, wenn es nach dem amerikanischen Sackloch-Verband geht, der ein beeindruckend ernstes Regelwerk für alle Aspekte des Spiels besitzt, sogar dem Spielerverhalten („Ein Verbandsmitglied darf während eines Wettkampfs keine ablenkenden Geräusche oder Bewegungen ausführen …“).

Die Internetseite bietet auch detaillierte Abmessungen für die Ausrüstung, die ich, bis auf eine Ausnahme, genau befolgt habe. Da wir Holz von der Stange nehmen, musste ich 60 mm breite Bretter für den Rahmen nehmen, dadurch ist es satte 10 mm größer als vorgeschrieben. Wenn Sie erstmal ein paar Flaschen geöffnet haben, werden Sie es nicht mehr merken.

Ich habe noch eine Änderung an den Richtlinien vorgenommen, aber eine, die den Verband nicht stören wird. Ich habe einen Weg gefunden, um die zwei Sacklochplattformen Rücken an Rücken zu verbinden. So entsteht ein dünner Koffer, wo man die Säckchen drin lagern kann. Ein tragbarer Party-Hit.

Meine andere Überlegung war, wie man die großen 15 cm Durchmesser Löcher in die Plattform kriegt, ohne eine große, teure Lochsäge für dieses eine Mal zu kaufen. Stattdessen machen Sie das mit Ihrer Stichsäge, die Sie sowieso besitzen, mithilfe eines Nagels und einem kleinen Stück Sperrholz oder MDF. Ihre Stichsäge lässt Sie nicht im Stich. Ich überlasse es der Sprachwissenschaft, die Verwandtschaft dieser Wörter zu klären.

Spass bei Party und Picknick. Mit diesem tragbaren Design kann das Spiel überall mit hin und ist in kürzester Zeit aufgebaut.

Materialien

Für zwei Plattformen:

- Zwei Stücke 12 mm Sperrholz, 60 x 120 cm
- Vier 18 mm Kieferbretter, 60 mm breit, 2400 mm lang (Breite kann etwas abweichen)
- Vier Schlossschrauben 10 mal 50 mm mit Metallunterlegscheiben und Kontermuttern
- Vier Plastikunterlegscheiben
- Eine Box 4 mm Spanplattenschrauben 50 mm lang
- Zwölf 4 mm Spanplattenschrauben 32 mm lang
- Vier Fensterreiber/Vorreiber
- Seil als Tragegriff 12 mm dick
- 1 Liter Latexfarbe, glänzend (mehr, falls Sie mehrere Farben wollen)

Mach es offiziell

Die offiziellen (amerikanischen) Abmessungen wurden festgelegt, um das Bauen einfach zu machen. Die Plattformen sind 60 cm mal 120 cm, passend zu den 60 x 120 Sperrholzlatten mit 12 mm, die man im Baumarkt bekommt. Das Rahmenholz, das ich genutzt habe, ist auch eine verbreitete Größe und die Anbauteile sind genauso einfach.

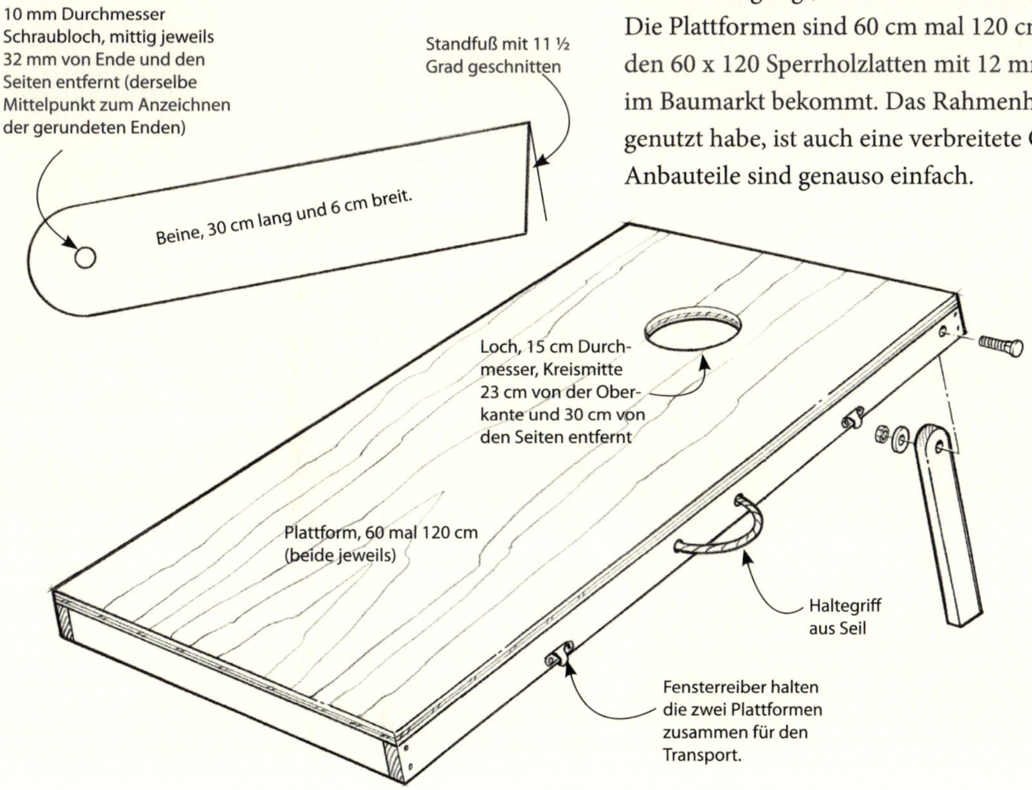

10 mm Durchmesser Schraubloch, mittig jeweils 32 mm von Ende und den Seiten entfernt (derselbe Mittelpunkt zum Anzeichnen der gerundeten Enden)

Standfuß mit 11 ½ Grad geschnitten

Beine, 30 cm lang und 6 cm breit.

Loch, 15 cm Durchmesser, Kreismitte 23 cm von der Oberkante und 30 cm von den Seiten entfernt

Plattform, 60 mal 120 cm (beide jeweils)

Haltegriff aus Seil

Fensterreiber halten die zwei Plattformen zusammen für den Transport.

Führung zum Kreisschneiden

Um dieses Loch zu bohren, könnten sie für 20 Euro eine Lochsäge holen oder Sie machen es für lau mit einem kleinen Helferlein für Ihre Stichsäge. Zur Vorbereitung müssen Sie zuerst ein wenig anzeichnen und bohren.

1 **Das Loch einzeichnen.** Finden Sie die Mitte, von den Seiten aus gesehen, und messen Sie dann von der oberen Kante, um das Kreuz zu vollenden (oben links). Dann zeichnen Sie mit dem Zirkel einen Kreis mit 15 cm Durchmesser (oben rechts).

2 **Das perfekte Nagelloch bohren.** Der Drehpunkt der Kreis-Sägeführung ist ein Nagel, also suchen Sie Nagel und Bohrer, die gleich groß sind (Mitte links) und bohren ein Loch in der Mitte (Mitte rechts).

3 **Stichsäge braucht Startpunkt.** Ein 10 mm Bohrer sollte für die meisten Stichsägeblätter reichen. Sie müssen ein bisschen außerhalb der Kreislinie bohren, damit das Sägeblatt reingeht und genau auf der Kreislinie liegt.

4 **Nagelloch für die Führung.** Für diese Führung brauchen Sie nur ein dünnes Stück Sperrholz oder MDF. Bohren Sie zuerst ein Loch für den Nagel.

5 **Nächstes Loch setzt den Radius.** Jetzt, im selben Abstand zur Kante wie das Nagelloch und genau 7,5 cm davon entfernt, markieren Sie die Mitte und bohren ein 10 mm Loch.

5

6 **Befestigung ist wichtig.** Doppelseitiges Klebeband ist super praktisch. Befestigen Sie damit die Stichsäge an der Führung. Ganz wichtig beim Befestigen ist, dass das Sägeblatt mittig im Loch sitzt und gleichzeitig der Sägeschuh genau parallel zum Rand der Führung ist (senkrecht zu den Löchern), damit das Sägeblatt gerade läuft, während es im Kreis fährt.

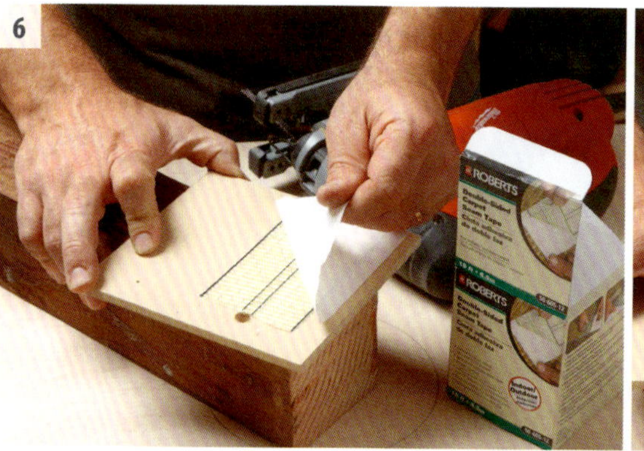
6

7

8

9

7 **Jetzt wird es spassig.** Lassen Sie das Sägeblatt ins Loch fallen, drücken den Schwenknagel rein und fangen an zu sägen! Ziehen Sie nach ein paar Zentimetern die Säge zurück und überprüfen Sie, ob das Sägeblatt von der Linie abweicht. Falls es das tut, müssen Sie die Säge entfernen und die Ausrichtung an der Führung korrigieren.

8 **Scheibe fallen lassen.** Für einen glatten Abschluss gehen Sie am Ende langsam vor und schauen zu, wie die Scheibe rausfällt. Wir haben ein Sackloch! Der Rest ist nur noch Deko.

9 **Glatt schleifen.** Nutzen Sie grobes Schleifpapier, um den Kreisrand abzurunden. Sehen Sie die kleine Delle von der Zugangsbohrung? Keine Sorge – niemand sonst wird sie bemerken.

Kappsäge Grundlagen

Man kann auch mit der Kreissäge Bretter zuschneiden, aber mit der Kappsäge ist es viel einfacher. Sie stützt das Werkstück und macht akkurate Schnitte in jedem gewünschten Winkel. Supereinfach in der Handhabung und nützlich für alle möglichen Arbeiten im Haus wie z. B. Sockelleisten anbringen oder Parkett verlegen.

Schnelles Einstellen. Jede Kappsäge braucht zwei Einstellungen. Beginnen Sie damit, das Sägeblatt im rechten Winkel zur Auflage zu bringen (Bild oben) und den Stopp der Säge (normalerweise an der Rückseite) einzustellen, damit die Säge immer in diese Position zurückkommt. Dann stellen sie die Säge ein auf ihre 90-Grad-Position zu den Seiten (Bild unten) und justieren die Platte, die sie immer wieder dort zurückbringt. Schauen Sie im Handbuch nach für die genauen Schritte.

Lange Bretter nach links. Wenn Sie Rechtshänder sind, legen sie lange Bretter links auf ihrer Arbeitsstütze ab, wo Sie diese festhalten können.

Kurzes Ende nach rechts. In diesem Fall ist es das Stück, das ich zuschneiden will, also achte ich darauf, dass meine Bleistiftmarkierung an der rechten Seite des Sägeblattes anliegt.

Die Hände nicht zu nah. Zehn Zentimeter vom Sägeblatt entfernt ist eine gute Faustregel (die Faust wollen wir schließlich behalten). Halten Sie das Werkstück gut fest und führen die Säge gleichmäßig nach unten und lassen sie sägen. Tragen Sie immer Augen- und Gehörschutz bei der Arbeit mit Elektrowerkzeugen.

1

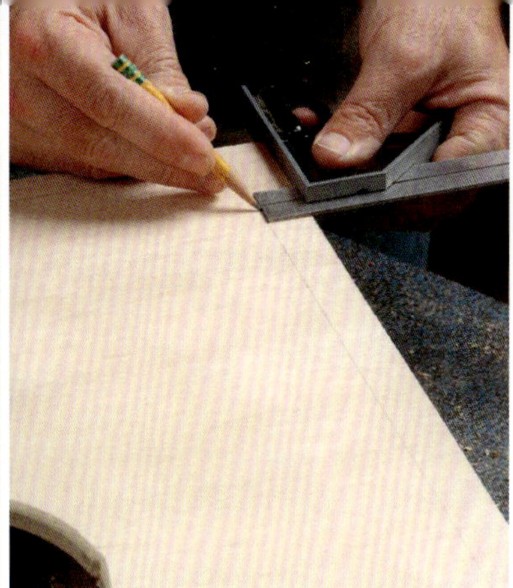

Den Rahmen anbringen

1 Durchgangslöcher in der Plattform. Das mache ich mit einem Kombi-Senkbohrer, damit die Schraubköpfe bündig mit der Oberfläche sind. Der Bohrer ist etwas größer als die Schraube. Zeichnen Sie ein paar Führungslinien, um zu sehen, wie dick die untenliegenden Rahmenteile sein werden, und achten Sie beim Bohren auch drauf, wo die Teile anfangen und aufhören.

2 Lange Teile zuerst. Schneiden Sie diese auf 120 cm zu, klemmen sie fest und machen kleine Vorbohrungen rein, um Holzspaltung zu vermeiden. Dann sorgenfrei die Schrauben eindrehen.

2

3 Kurze Teile einpassen. Kürzen Sie Stück für Stück, bis die kurzen Teile genau zwischen die langen passen und zeichnen Sie Buchstaben auf die Teile, damit Sie wissen, wo sie hingehören.

3

4

4 Zuerst in die Enden bohren. Bohren Sie wie zuvor Durchgangslöcher mit dem Kombi-Bit und machen dann Vorbohrungen, bevor Sie die Schrauben einsetzen. Das ist die Reihenfolge für maximale Haltekraft mit Schrauben, ohne dass sich das Holz spaltet.

5 Nun die Oberseite. Zu guter Letzt drehen Sie Schrauben durch die Plattform in die Endstücke ein, um sie zu befestigen. Vergessen Sie nicht die Vorbohrungen.

5

Die Beine festschrauben

1 Beine anzeichnen. Damit die Beine unter der Plattform beweglich sind, muss an ihrem Ende ein Halbkreis ausgesägt werden. Markieren Sie den Mittelpunkt dieser Bögen und zeichnen dann den Halbkreis mit einem Zirkel.

2 Die Beine bohren. Damit dieser große 10-mm-Bohrer nicht vom Kurs abkommt, machen Sie zuerst eine Einkerbung mit einem großen Nagel. Legen Sie Holzreste unter die Beine, damit beim Bohren die Rückseite nicht aufsplittert.

1

2

3 Beine als Bohrschablone. Um passende Löcher in den Rahmen zu bohren, setzten Sie die Beine in die Ecken und bohren durch diese hindurch in den Rahmen. Bohren Sie nur ein kurzes Stück, um die Stelle zu markieren, und entfernen dann das Bein für das endgültige Loch.

4 Die Kurven sägen. Die Stichsäge macht kurzen Prozess mit diesen kleinen Kurven. Drücken Sie den Sägeschuh fest auf das Bein, damit der Schnitt gerade und rechtwinkelig wird.

5 Die Enden mit Winkel schneiden. Dadurch stehen die Beine hinterher gerade auf dem Boden. Da sie schon die richtige Länge haben, lassen sie den Winkel einfach direkt an der Spitze enden. Ein 11½-Grad-Winkel sorgt für gerades Stehen.

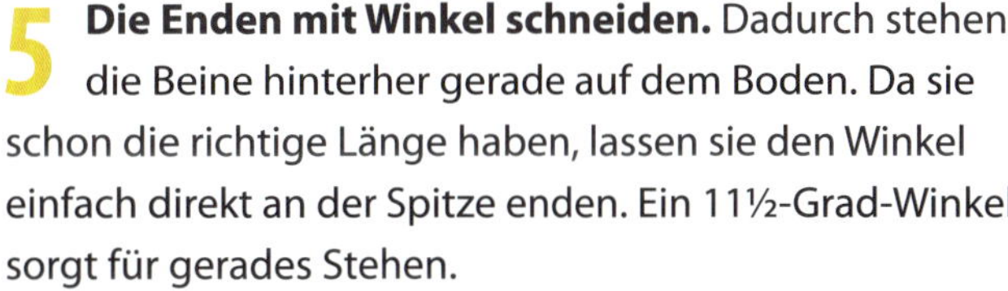

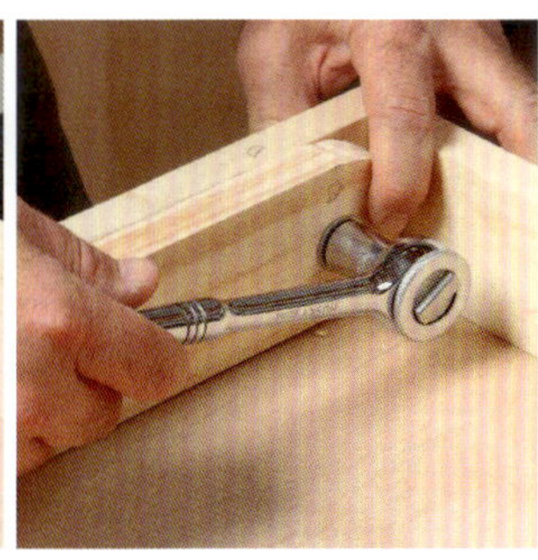

6 Schlaues Schraubensetup. Nehmen Sie eine 10 mm-Schlossschraube, dazu eine Kontermutter und zwei Unterlegscheiben, eine aus Plastik, eine aus Metall. Der quadratische Kopf der Schlossschraube wird ins Holz sinken und verhindert das Drehen. Die Plastikunterlegscheibe kommt zwischen die Holzteile, um die Reibung zu vermindern, dann kommen Bein, Metallunterlegscheibe und Kontermutter. Ziehen Sie die Mutter gut fest und es wird sich nichts lösen.

7 Testlauf. Drehen Sie die Beine in ihre Standposition. Wie Sie sehen können, lassen sie sich durch den Halbkreis drehen und lehnen stabil am Rahmen.

Eine Lackierung wählen

Gestalten macht genauso viel Spaß wie das Bauen. Bei jedem Projekt gilt: ein bisschen extra Zeit bei der Gestaltungsphase sorgt dafür, dass Sie mit dem Endprodukt zufrieden sind. Nutzen Sie dazu jedes Werkzeug, das Ihnen zur Verfügung steht. Hier habe ich das Textverarbeitungsprogramm meines Computers genutzt (es hat ein paar Möglichkeiten zur Grafikerstellung), um das Farbdesign für die Plattform zu kreieren und die Farbe der Säckchen auszuwählen. Sie können gerne dieses Design nehmen oder Sie beeindrucken Ihre Freunde mit Ihrem eigenen nerdigen/grotesken/stilvollen Look.

1 **Benutzerfreundlich.** Nehmen Sie mittelgrobes Schleifpapier und Ihren verlässlichen Klotz und machen den scharfen Kanten den Garaus.

2 **Grundfarbe zuerst.** Ich habe mit dem Blau der Plattform angefangen. Die erste Schicht wird sich nach dem Trocknen samtig anfühlen. Für eine glatte Oberfläche gehen Sie noch einmal mit feinem Schleifpapier drüber und tragen dann eine zweite Schicht auf.

1

3 Das Muster anzeichnen. Wenn Sie wie ich mehr als eine Farbe haben möchten, zeichnen Sie die nächste Farbe mit Bleistift ein und kleben dann breites, blaues Malerklebeband außerhalb der Linien. Drücken Sie das Klebeband mit Ihren Fingern fest, damit es gut klebt und keine Farbe darunter läuft.

4 Die zweite Farbe drauf. Passen Sie auf, nicht zu weit über das Klebeband zu malen und versuchen Sie, die Farbe glatt aufzutragen. Dann noch eine zweite Schicht und schon sind Sie fertig.

5 Vorsichtig abziehen. Sobald die Farbe trocken ist, ziehen Sie das Klebeband nach außen ab, von der Farbe weg. Gehen Sie langsam und gleichmäßig vor. Es sollte ein fast perfekter Rand entstehen. Es ist großartig, wenn das finale Muster zum Vorschein kommt.

Der letzte Schliff

1 Die Seilgriffe anbringen. Ich habe 12 mm dickes Seil benutzt und entsprechend 12 mm große Löcher gebohrt. Dann habe ich die Beine entfernt, um sie zu bemalen, den Rahmen fertig lackiert, die Seilgriffe angebracht und deren Enden zugeknotet. Die Knoten habe ich mit Isolierband umwickelt, damit sie sich nicht lösen.

2 Wieder zusammenbauen. Schrauben Sie die Beine wieder dran. Die runden Schlossschraubenköpfe sehen ordentlicher aus als die regulären.

3 Fensterteile anbringen. Die Fensterreiber nutze ich, um die zwei Plattformen für Lagerung und Transport zusammenzuhalten. Nehmen Sie die stärksten, die Sie finden können; meine hier sind ein bisschen schwächlich. Spannen Sie die zwei Plattformen zusammen und halten Sie die Teile fest, während sie die Vorbohrung machen und Schrauben eindrehen. Platzieren Sie die Teile soweit wie möglich auseinander, damit sie beim Schließen fest halten.

4 Nach draußen mit Lärche

Outdoor-Projekte machen Spaß zu bauen, weil sie nicht ganz so lupenrein aussehen müssen wie im Inneren. Und da die Menschen inzwischen den therapeutischen Wert der großen weiten Welt vor ihrer Tür wertschätzen, hat sich ihr Wohnraum auch auf Terrasse, Balkon und Garten ausgebreitet.

Egal wo Sie wohnen, wahrscheinlich haben Sie etwas Platz für eine kleine Outdoor-Oase. Eine Bank und ein paar Blumenkästen ist alles, was Sie brauchen. Selbst ein großer Garten braucht ein paar ausgewiesene Orte zum Sitzen und Nachdenken.

Tatsächlich bekommen Sie in diesem Kapitel zwei Bänke, eine alleinstehende und die andere zwischen Blumenkästen hängend. Ich liebe Auswahlmöglichkeiten, daher funktionieren die Kästen auch allein, ein bisschen kürzer geschnitten und dort platziert, wo sie passen.

Bevor wir mit der Anleitung loslegen, sprechen wir über das Holz, das wir in diesem Kapitel benutzen. Es ist eines meiner Lieblinge.

Warum Lärche?

Anmerkung des dt. Verlages: Im amerikansichen Original des Buches empfiehlt der Autor Zedernholz (Western Red Cedar). Dies ist aber bei uns nur selten zu bekommen und wenn doch einmal, dann ist es recht teuer. Wir empfehlen Lärche als Ersatzmaterial. Es ist auch ohne Behandlung haltbar (wenn es keinen Erdkontakt hat), hat eine schöne Oberfläche und ist gut zu bearbeiten. Das Holz ist gut erhältlich, allerdings nicht in Baumärkten, Sie müssen bei einem Holzhändler fragen. Angeboten wird Europäische Lärche oder Sibirische Lärche. Da die Sibirische Lärche häufig aus Raubbau stammt, sollten Sie Europäische Lärche bevorzugen.

Denkbar wäre auch Kiefer, welches noch wesentlich leichter erhältlich ist. Lärchenholz ist allerdings schöner. Aber das hängt ja auch vom eigenen Geschmack und dem Verwendungszweck ab.

Wie man Zeder kauft

Wie bei vielen witterungsresistenten Hölzern ist der Kern des Zedernstamms am haltbarsten. Das Kernholz ist das braune Zeug, das wir alle kennen und lieben. Um Kosten zu sparen, verkaufen einige Händler Zedernbretter mit cremefarbenem Splintholz von der Außenseite des Stamms. Diesem Teil des Holzes fehlen die Chemikalien, die der Verwesung widerstehen und zerfallen draußen innerhalb von wenigen Jahren.

Vorsicht vor weiss. Das cremige Splintholz verrottet viel schneller als das dunkle Kernholz, also durchsuchen Sie den Stapel und vermeiden Bretter wie dieses hier.

Projekt 5

Outdoor-Bank

In diesem Buch haben Sie bisher einen Schrank in eine Arbeitsstation verwandelt, eine Party-Pause gemacht und jetzt sind Sie bereit, echte Möbel von Grund auf zu bauen. Aber keine Angst: Diese asiatisch inspirierte Bank ist elegant einfach, wie all meine Lieblingsprojekte.

Cleverer Aufbau

Das coole an dieser Bank ist, wie die vier Teile in jeder Stütze (oder Pfosten) zusammengeschraubt und -geklebt werden, um ein perfektes Loch (genannt Zapfenloch) für den Balken zu bilden. Was das Holz angeht, da habe ich ein Brett mit 40 x 140 mm und eines mit 40 x 40 mm genommen, beide je 2,4 m lang, und dazu ein 3 m langes 40 x 90 mm Brett. Falls Sie keine Bretter mit 40 mm finden, können sie dickere nehmen, dann müssen Sie nur die Länge der Stützen anpassen, damit die Sitzhöhe stimmt. Außerdem brauchen Sie noch zwei Packungen verzinkte Spanplattenschrauben, die einen 60 mm lang, die anderen 70 mm.

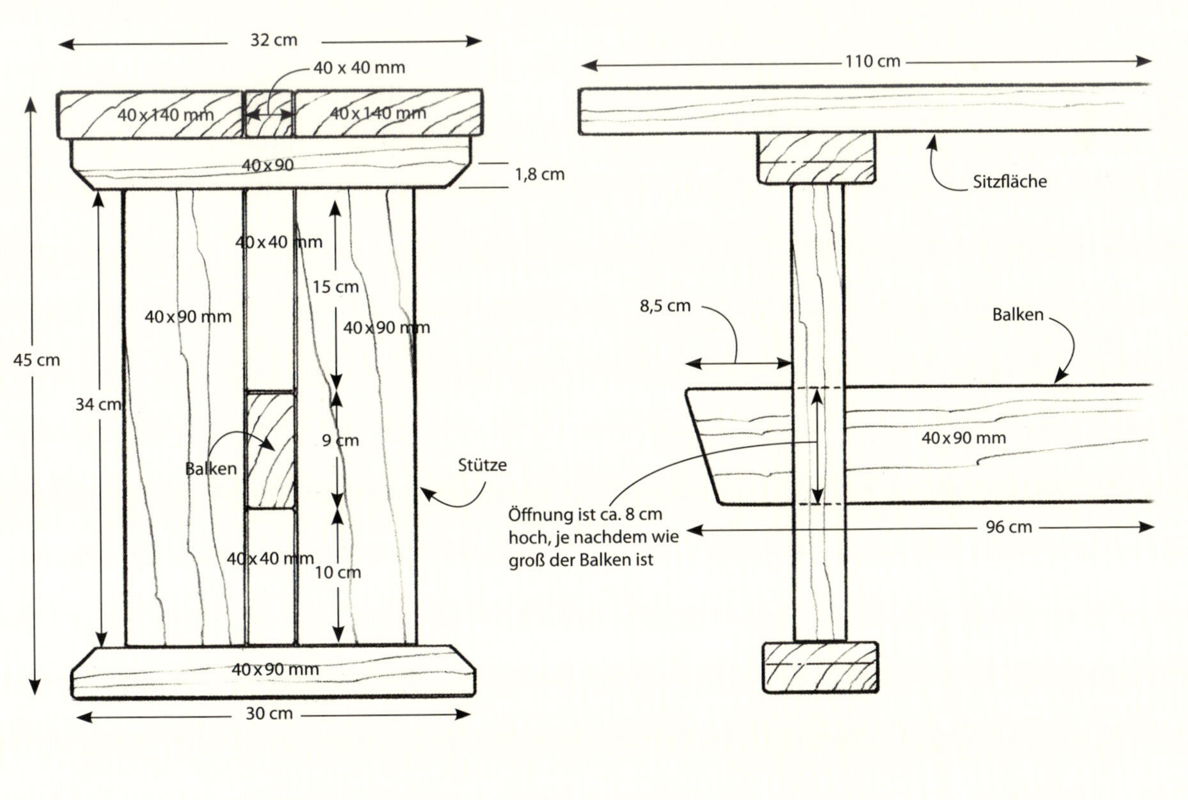

Das erste Mal, dass ich so eine Bank gesehen habe, ist schon lange her. Das war im Laden von Mark Edmundson, einem Profi-Holzwerker aus Idaho, der sie verkauft hat, weil sie schnell gebaut und doch so schön war. Zehn Jahre später, als ich meine eigene Bank für dieses Buch entworfen habe, bestehend aus Terrassendielen und einer Packung Schrauben, hatte ich nicht die Absicht Marks Design zu kopieren. Als ich dann aber mit dem Skizzieren, Prototypenbau und Verfeinern fertig war, habe ich bemerkt, dass ich etwas ähnliches entwickelt hatte, mit den fast gleichen Kanthölzern als Pfosten, die ein rechteckiges Loch bilden, durch das man einen langen Balken durchsteckt. Es führen einfach nicht viele Wege zu unserem Ziel und Marks Methode ist anscheinend die beste.

Doch zu meinem und Ihrem Glück hatte Edmundson kein Problem damit, seine tolle Idee zu teilen (ich habe nachgefragt!). Mark ist ein noch besserer Holzwerker als ich und zudem ein versierter Autor. Wenn Sie des Englischen mächtig sind, könnten Sie sich vielleicht sein Buch ansehen, Pocket Hole Joinery (The Taunton Press, 2014; www.taunton.com), das eine simple, aber effektive Art zum Bau von stabilen Möbeln jeglicher Größe vorstellt, mit einer einfachen Taschenbohrvorrichtung .

Diese Bank ist gemütlich auf der Terrasse, auf dem Balkon, auf dem Rasen oder im Garten. Sie sieht so gut aus, ich würde sie sogar ins Haus lassen. Experimentieren Sie gerne mit der Größe oder den Designdetails der Bank. Sie können sie beispielsweise so lang machen, wie Sie wollen. Aber 45 cm Höhe sollte für die meisten Körpergrößen passen.

Was diese Bank ein wenig asiatisch für mich macht, ist die Art, wie das Oberteil über die Standfüße hängt und auch, dass der Balken durch die Stützen durchragt und an den Enden abgeschrägt ist. Das wirklich Schöne an dieser stabilen, schicken Bank ist, dass sie mit Terrassendielen und Spanplattenschrauben gebaut wird. Das ist alles. Und man muss schon genau hinsehen, um irgendwelche Schrauben zu sehen. Übrigens können Sie auch eine Öl-Lasur auftragen und das Holz so abdunkeln, dann bleibt es etwas länger braun, aber letzten Endes wird es zu einem silbrigen Grau verwittern. Darum sage ich: Sparen Sie sich das Öl.

Zwei Arten von angewinkelten Schnitten

Es gibt zwei Wege, um schräge Schnitte an der Kappsäge zu machen: entweder seitlich geneigt oder horizontal gedreht. Gedreht ist das Sägen einfacher als geneigt, aber das sollten Sie vom jeweiligen Schnitt abhängig machen.

1

1 **Füsse abschrägen.** Die Ober- und Unterteile der Stützen haben kleine Abschrägungen an den Enden, die gut aussehen und einfach mit der Kappsäge gemacht werden. Zeichnen Sie zunächst eine Linie 20 mm vom Ende entfernt, um den Schnitt zu führen. Dann neigen Sie die Säge um 45 Grad, richten Ihre Markierung an der Innenseite des Sägeblattes aus und machen den Schnitt.

2 **Schräge für den Balken.** Diesmal müssen sie die Sägeauflage drehen, anstatt die Säge zu neigen. Zeichnen Sie die Gesamtlänge ein, drehen die Säge um 15 Grad und schneiden an der Linie. Ganz einfach. Sie werden diese Kappsäge lieben.

2

Mit den Stützen anfangen

Indem Sie vier Holzstücke in der folgenden Reihenfolge zusammenschrauben und -kleben, bekommen Sie das perfekte Loch, um den Balken einzusetzen, und ein Paar Stützen, das jeden Hintern aushält, egal ob groß oder klein.

1 **Die Stücke sägen und angleichen.** Um eine passende Öffnung (Zapfenloch) für den 60 x 100 mm Balken zu schaffen, muss die Dicke der 60 x 60er Kanthölzer mit dem 60 x 100 mm Balken übereinstimmen. Die 60 x 60er sind wahrscheinlich nicht an allen Seiten gleich groß, daher, wenn Sie alle Teile für die Stützen zugeschnitten haben, überprüfen Sie die Seiten und suchen diejenige, die mit der Dicke des Balkens übereinstimmt.

2 **Zu klebende Seiten kennzeichnen.** Wichtige Oberflächen auf Werkstücken können mit Haken markiert werden.

3 **Vorbohren.** Die kleinen Mittelstücke brauchen Durchgangslöcher für die Schrauben. Bohren Sie zwei Löcher in jedes Teil. Gehen Sie nicht zu nah ans Ende, sonst spalten Sie eventuell das Werkstück.

4 **Kurze Stücke zuerst.** Beim Schrauben sollten Sie mit den Fingerspitzen fühlen, ob die Teile bündig sind. Sie brauchen keine Vorbohrungen in den unteren Teilen, denn Lärche ist weich und spaltet nicht so schnell. Nehmen Sie hier die längeren Schrauben.

1

2

3

Schleifen und verteilen. Gelber Leim mag flache, geschliffene Oberflächen und sollte gleichmäßig mit einem Pinsel verteilt werden. Wenn Sie dann die Stücke fest zusammenspannen, wird die Verbindung stärker als das Holz selbst.

Gelber Leim Grundlagen

Mit dem presiwerten gelben Leim bekommen Sie starke Verbindungen. Ich empfehle hier Titebond III. Er bietet mehr offene Zeit (bevor er abbindet) und ist auch für den Außeneinsatz geeignet, was gut für unser Bankprojekt ist.

5 Jetzt den Balken als Abstandshalter. Nehmen Sie ein abgeschnittenes Stück Holz vom Balken und nutzen es, um das nächste Stück zu platzieren. Drücken Sie das 60 x 60er beim Schrauben fest gegen das 60 x 100er. Nutzen Sie Leim und lange Schrauben wie zuvor.

6 Das letzte Stück wird festgespannt. Entfernen Sie den Abstandshalter, verteilen sie Leim auf den zwei kurzen Stücken und spannen das letzte Stück 60 x 100 fest. Achten Sie darauf, dass es bündig mit dem Ende des kürzeren Mittelstücks ist. Versuchen Sie, die Teile beim Einspannen so flach wie möglich zu halten. Wenn sie sich zu sehr zu einer Seite hinbiegen, kann es helfen, eine der Zwingen auf die entgegengesetzte Seite zu setzen.

7 Das hintere Ende kürzen. Das eine Ende des Aufbaus sollte jetzt bündig sein, das andere ist es wahrscheinlich nicht. Sie können es an der Kappsäge kürzen. Schneiden Sie so viel wie möglich in einem Schnitt ab. Falls die Säge das Ende nicht ganz erreichen kann, wenden Sie das Werkstück, legen die abgetrennte Kante an das Sägeblatt an und sägen das letzte Bisschen weg.

Stützober- und Unterteile anbringen

1 Durchgangslöcher markieren und bohren. Zeichnen Sie eine Mittellinie ein und legen die Füße flach an den Stützaufbau, um die beste Schraubenplatzierung zu finden – nicht zu nah an den Enden, um Brüche zu vermeiden. Dann bohren Sie die Durchgangslöcher.

1

2 Höhenausgleich zum Anbau der Teile. Der Mittelteil sollte mittig auf Ober- und Unterteil sitzen. Legen Sie ein passendes Holzstück oder ähnliches unter die Stützen, während sie die 75-mm-Schrauben eindrehen.

2

3 Alle Kanten brechen. Schneiden Sie die restlichen Teile und Stücke zu und bessern dann die Kanten aus. Werkstücke sehen viel besser aus, wenn scharfe Kanten und Splitter abgeschrägt oder abgerundet werden. Mit dem Schleifklotz geht das einfach.

4 Durch die Oberteile bohren. Hier schrauben sie die Bretter für die Sitzfläche fest. Die Sitzfläche ist ähnlich aufgebaut wie die senkrechten Bretter der Stütze, also orientieren Sie sich daran, um die Löcher auszurichten. Die Löcher können hier ruhig leicht schräg sein.

3

4

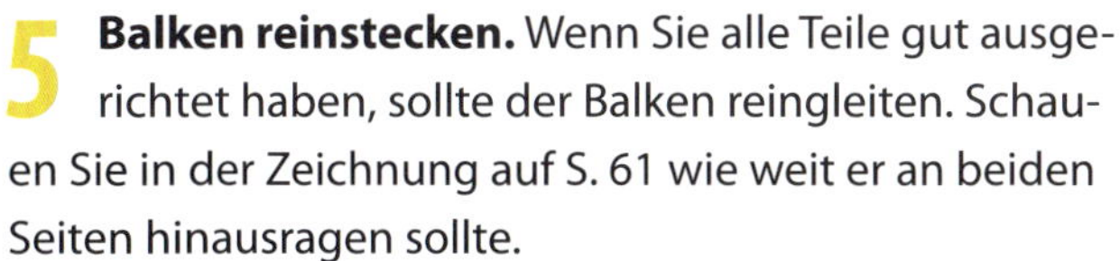

5 Balken reinstecken. Wenn Sie alle Teile gut ausgerichtet haben, sollte der Balken reingleiten. Schauen Sie in der Zeichnung auf S. 61 wie weit er an beiden Seiten hinausragen sollte.

6 Rechte Winkel überprüfen. Überprüfen Sie mit Ihrem Kombinationswinkel, ob Balken und Stütze in allen Richtungen rechtwinkelig sind.

7 Bohren und Schrauben. Bohren Sie Durchgangslöcher mit spitzem Winkel an den Innenkanten des Balkens, damit die Schrauben in die Stütze eindringen. Machen Sie ein Loch auf jeder Seite. Dann setzten Sie die 75-mm-Schrauben ein und versenken dabei den Schraubenkopf, damit alles fest sitzt. Mehr Halt braucht der Balken nicht.

8 Die Sitzfläche drauf und fertig. Richten Sie den Unterbau mittig aus. Die zwei äußeren Sitzbretter kriegen jeweils zwei Schrauben, der mittlere Streifen bekommt eine. Nehmen Sie hierfür die 65-mm-Schrauben, damit sie nicht oben raus kommen. (Statt des Akkuschraubers habe ich unterhalb des Balkens einen kurzen Schraubenzieher genommen.) Dann schleifen sie die Kanten der Sitzfläche und stellen die Bank dorthin, wo sie jeder sehen kann.

Projekt 6

Blumenkästen mit optionaler Bank

Das Tolle am Selberbauen ist die Möglichkeit, es anzupassen. Entwerfen Sie es, wie Sie wollen, machen Sie die Abmessung passend und nutzen Sie jedes Holz, das Sie möchten. Bauen Sie Ihre Welt. In diesem Buch versuche ich Ihnen deshalb so viele Optionen wie möglich zu bieten. In diesem Fall können die Blumenkästen höher gebaut werden, mit einer Sitzmöglichkeit dazwischen oder kürzer und dahin gestellt, wo es passt.

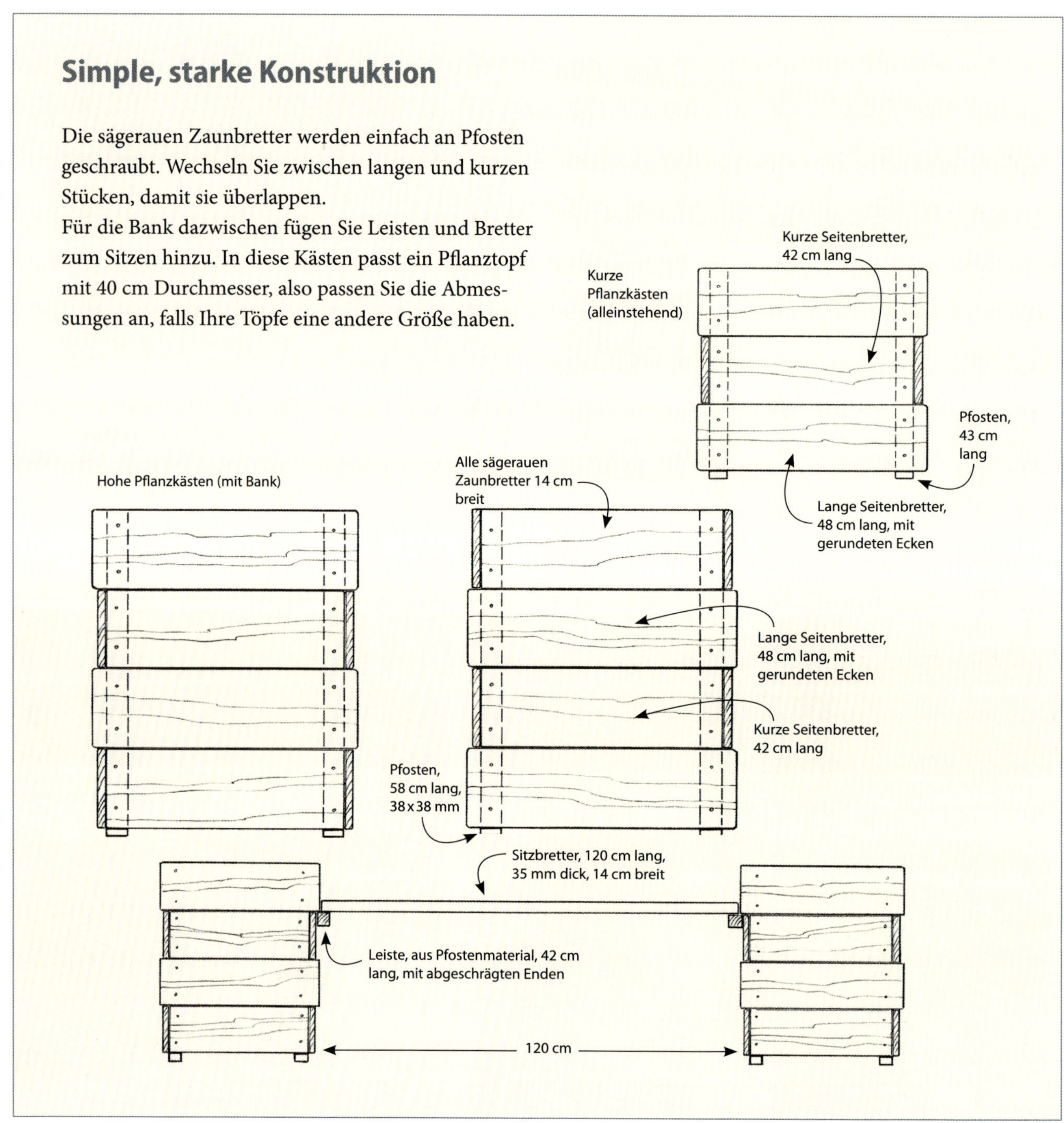

DESIGN-OPTIONEN. Um die komplette Kasten-Bank-Kombi zu bauen, machen Sie die Kästen vier Latten hoch, befestigen Leisten an den Innenseiten und fügen Bretter zum Sitzen hinzu. Wenn die Kästen freistehend sein sollen, machen Sie sie kleiner. Die kurzen Kästen sehen überall gut aus, passen aber besonders gut zur Outdoor-Bank (siehe S. 61–67).

Das Wichtigste bei den Blumenkästen ist, dass sie nicht direkt mit Erde befüllt werden, denn die ist voll mit Wasser und Bakterien und wird letzten Endes gegen das Holz gewinnen. Stattdessen, fangen wir mit Pflanzenbehältnissen aus Plastik an egal ob längliche Box oder großer Topf, gehen sicher, dass Wasserablauflöcher vorhanden sind und bauen Holzkästen, um sie zu verstecken.

Bei diesem Projekt habe ich Töpfe mit 40 cm Durchmesser genommen, die es im Baumarkt gab. Die Pflanzkästen sind ganz einfach: es sind sägeraue Zaunlatten, befestigt an quadratischen Pfosten, die im Inneren versteckt sind. Für die Pfosten habe ich kesseldruckimprägniertes Holz genommen. Es ist etwas billiger, aber auch härter und hält Schrauben besser.

Die sägerauen Latten sind schön, aber der meiste Charme kommt vom überlappenden Eckendesign. Es erinnert an traditionelle Tischlerverbindungen. Dafür habe ich einfach die Hälfte der Latten etwas länger gelassen, die Enden abgerundet und an den Ecken des Kastens überstehen lassen.

Bei diesen Tischlerverbindungen wird das Holz auf verschiedene Arten gesägt, damit es sich verzahnt und so starke Verbindungen formt. Wenn Sie Schwalbenschwänze an einer Box oder Schublade sehen oder Zapfen aus dem Zapfenloch herauskommen (wie es bei der Outdoor-Bank der Fall ist), dann nennt man das „sichtbare Verbindung“ und sowas kommt immer gut an. Es hat einfach etwas Befriedigendes, wenn man die Konstruktion und Handwerkskunst sehen kann. Dieses überlappende Design ist eine Anlehnung an sichtbare Verbindungen, aber sie ist kinderleicht auszuführen. Schön & einfach: meine Lieblingskombination.

Wenn sie die volle Pflanzkasten-Bank-Kombination wollen, sollten Sie die Kästen in voller Größe machen, vier Latten hoch, und Leisten für die Sitzfläche befestigen. So baue ich das Projekt in den folgenden Fotos. Die alleinstehenden Kästen würde ich kürzer machen, drei Latten hoch anstatt vier. Ohne Bank sehen sie so einfach besser aus. Aber abgesehen von kürzeren Pfosten und weniger Latten ist der Aufbau gleich.

Materialien

Die Menge an Materialien die Sie brauchen, ändert sich, je nachdem was Sie für Pflanztöpfe haben und welche Version Sie bauen wollen, also müssen Sie ein wenig messen und ausrechnen.

- Seitenbretter: sägeraue Zaunbretter, etwa 16 mm dick und 140 mm breit
- Pfosten und Leisten: kesseldruckimprägniertes Holz, 35 mal 35 mm
- Sitzbretter: Lärche, etwa 35 mm dick und 140 mm breit, mit gerundeten Kanten
- Spanplattenschrauben, 50 mm Länge, verzinkt
- Spanplattenschrauben, 70 mm Länge, verzinkt
- Zwei Pflanztöpfe aus Plastik, 40 cm Durchmesser

Teile vorbereiten

Dieses Projekt besteht nur aus geraden Schnitten, die seitlichen Bretter kriegen lediglich mit dem Schleifklotz eine Abrundung an den Ecken, daher geht dieser Abschnitt schnell.

1 Alle Teile ablängen. Schneiden Sie die Pfosten und Bretter auf Länge. (Schauen sie auf der Seite gegenüber, wie man den hier abgebildeten Anschlag installiert.) Beachten Sie beim Sägen der Bretter, dass Sie die gleiche Anzahl an leicht kürzeren und längeren brauchen. Schauen Sie auch nach, ob die Plastikbehälter passen und ändern gegebenenfalls die Länge.

2 Einfach Ecken abrunden. Sie brauchen eine etwa 6 bis 10 mm Abrundung an den Ecken der langen Bretter. Damit das schnell und einfach geht, nehmen Sie Ihren Schleifklotz mit 80er-Papier und machen eine große Schräge an der Ecke. Gehen Sie nach Augenmaß auf etwa 6 mm Breite. Danach schleifen Sie einfach die Punkte am Ende der Schräge, um eine glatte Abrundung zu bekommen.

3 Zum Schluss die Kanten brechen. Schleifen Sie die Enden und Abrundungen leicht, um Fasern zu entfernen und die Kanten zu glätten.

Anschlag für wiederholtes Sägen

An der Kappsäge wie an jedem stationären Elektrowerkzeug, können Sie einen Anschlag anbringen, wenn Sie viele Stücke auf die gleiche Länge bringen müssen. Das spart Zeit und ist genauer.

1 **Nur einmal messen.** Machen Sie erst einen sauberen rechtwinkligen Schnitt am Ende des Bretts und zeichnen dann die benötigte Länge ein. Dann richten Sie das Sägeblatt auf die Markierung aus und lassen das Brett dort.

1

2 **Anschlag einstellen.** Schrauben Sie einen Klotz an das Ende eines dünnen Bretts, um den hier gezeigten Anschlag zu bauen, den Sie dann am Anschlag der Kappsäge befestigen. Die meisten Anschläge haben Schraublöcher, wie hier abgebildet. Falls nicht, nehmen sie stattdessen Zwingen.

3 **Identische Stücke sägen.** Drücken Sie das Brett gegen den Anschlag und sägen Sie ohne zu messen. Innerhalb kürzester Zeit haben Sie einen Haufen perfekter Stücke. Beachten Sie: Um ein Werkstück auf der rechten Seite der Säge zu halten, ist es sicherer, die Hände zu wechseln, anstatt die Arme zu verschränken.

2

3

1

Die Kurzen zuerst anbringen

Um die Pflanzkästen zusammenzubauen, fangen Sie mit den zwei identischen, gegenüberliegenden Seiten an. Die kurzen Bretter sollten direkt am äußeren Rand der Pfosten enden und bestimmen so die Länge des Kastens, daher werden sie zuerst angebracht. Sorgen Sie für Vorbohrungen und Durchgangslöcher (siehe S. 29), damit die Schrauben besser halten und das Holz nicht aufspaltet.

2

3

1 **Durchgang und Vorbohrung wie immer.** Platzieren Sie das Brett ungefähr an seinem Platz, um zu sehen, wo die Durchgangslöcher hin müssen, ohne in die Pfosten zu bohren. Dann platzieren Sie es exakt, die Enden bündig mit Rand und Oberseite des Pfostens und bohren dann kleinere Vorbohrungen in den Pfosten. Falls Ihr Bit nicht lang genug für das volle Loch ist, bohren Sie den Pfosten an, nehmen das Brett weg und vollenden dann das Loch.

2 **Schrauben eindrehen.** Gehen Sie sicher, dass die Kanten noch ausgerichtet sind und drehen dann 50 mm Spanplattenschrauben in die Bretter und Pfosten hinein.

3 **Das zweite kurze Brett festschrauben.** Mit einem der längeren Bretter als Abstandshalter, aber ohne es festzuschrauben, legen Sie das nächste kurze Brett an die Pfostenaußenkante an, machen Durchgangslöcher und Vorbohrungen und schrauben es dann fest, um die Pfosten in der richtigen Position zu halten.

Jetzt die langen Bretter

Diese werden genauso befestigt wie vorher, Sie müssen nur darauf achten, den Überhang an den Enden anzugleichen. Das letzte Brett wird die Enden der Pfosten nicht ganz erreichen, denn die sollen ein bisschen am Boden des Pflanzkastens herausragen.

1 **Durchgangslöcher zuerst.** Platzieren Sie die Bretter wieder ungefähr, um zu sehen, wo die Durchgangslöcher hin müssen, aber heben die Bretter etwas an, damit Sie nicht in die Pfosten bohren.

2 **Den Überhang angleichen.** Nehmen Sie Ihren Kombinationswinkel und stellen sicher, dass jedes Ende gleich weit überhängt, etwa 3 cm, und machen dann Vorbohrungen und die Schrauben fest.

1

2

Jetzt die Seiten verbinden

An den zwei fertigen Seiten können Sie jetzt die restlichen Bretter befestigen und den Kasten fertigstellen. Gleichen Sie den Überhang der extralangen Bretter aus und drücken die Enden der kurzen Bretter beim Anbringen fest gegen ihre Nachbarn.

1 **Die anderen Bretter einfädeln.** Stellen Sie die fertigen Seiten auf den Kopf. Die Füße ragen hier ein Stück heraus. Dann setzten Sie die restlichen Bretter ein, um alles vorübergehend zusammenzuhalten.

2 **Unteres Brett zuerst.** Schrauben Sie das untere Brett fest, um den Kasten zusammenzuhalten. Markieren Sie, wo die Löcher hin müssen, und passen dabei auf, dass diese nicht den benachbarten Schrauben in den Weg kommen. Dann bohren Sie Durchgangslöcher, stecken das Brett mit den Enden eng anliegend zurück an seinen Platz, machen Vorbohrungen und dann die Schrauben fest.

3 **Weiter nach unten.** Jetzt können Sie die restlichen Bretter einzeln befestigen. Bei den langen Brettern markieren Sie zuerst die Durchgangslöcher, bohren diese und gleichen den Überhang aus, bevor Sie die Vorbohrungen machen.

4 **Die restlichen Bretter befestigen.** Schrauben Sie das Brett fest und folgen dann den gleichen Schritten, um die darunterliegenden zu befestigen.

5 **Zum Schluss den Kasten wieder umdrehen.** Sie können den Kasten auf seine Seite legen, um die verbleibenden Bretter zu befestigen – auf die gleiche Weise wie vorher.

3

4

5

Wie man zwei Kästen in eine Bank verwandelt

Man kann ganz einfach eine Sitzfläche anbringen, um die Kästen in eine kleine Oase zu verwandeln.

1 **Ein paar Leisten sägen.** Nehmen Sie übriggebliebenes Pfostenmaterial zum Bau von zwei Leisten. Schrägen Sie die Enden ab, damit sie besser unter dem Sitz versteckt sind.

2 **Durchgangslöcher bohren.** Die Bohrungen sollten ca. 25 mm Abstand zum Ende und ca. 6 bis 10 mm Abstand zur Oberkante haben.

3 **Vorbohrungen machen.** Die Leiste sitzt mittig an der Oberkante des dritten Bretts. Nutzen Sie die Durchgangslöcher, um die Vorbohrungen zu markieren und bohren so tief wie es mit dem kleinen Bit möglich ist. Dann nehmen Sie die Leiste weg und machen die Vorbohrung fertig. Falls die Löcher auf die Schrauben des seitlichen Bretts treffen, können Sie diese entfernen. Die Schrauben in der Leiste übernehmen den Job.

2

1

3

4 Ein letztes Loch. Das hier ist ein Durchgangsloch, mit dem Sie von der Innenseite aus in die Leiste schrauben können.

5 Die Leisten befestigen. Nehmen Sie die 75-mm-Schrauben zum Befestigen der Leisten, dann kürzere Schrauben (40 mm, wenn vorhanden) von der Innenseite aus für zusätzliche Stabilität. Denken Sie an die Vorbohrungen.

6 Die Sitzbretter sägen und bohren. Nachdem Sie die Bretter zugeschnitten haben (jeweils 120 cm), bohren Sie Durchgangslöcher für die Schrauben. Hier habe ich Linien eingezeichnet, die mir zeigen, wo ich bohren muss, damit die Schrauben mittig auf der Leiste sitzen.

4

5

6

7 Drauf legen. Stellen Sie die Pflanzkästen in der richtigen Entfernung auf und setzten die Sitzbretter ein.

8 Ein paar Schrauben sorgen für Halt. Machen Sie Vorbohrungen in den Leisten. Der kleine Bohrer wird nicht tief genug gehen, also entfernen Sie die Bretter zum Fertigbohren. Dann mit 70-mm-Schrauben permanent befestigen.

9 Pflanzen brauchen Unterstützung. Die Plastikbehälter waren zu kurz für die hohen Pflanzkästen, also habe ich ihnen mit ein paar alten Farbdosen unter die Arme gegriffen. Dann müssen die Pflanzen nur noch reingestellt werden. Mit der kürzeren Version der Kästen brauchen Sie diesen Schritt nicht.

5 Ein Schneidebrett mit der Oberfräse

Ein Schneidebrett ist ein tolles Projekt für jeden Abschnitt Ihrer Reise. Man kann sie so simpel oder ausgefallen machen, wie man möchte, in jeder Form für verschiedene Anforderungen. Zudem sind sie klein genug, um gleich mehrere als Geschenk zu fertigen. Die meisten Schneidebretter kombinieren verschiedene Holzstreifen zu einer Art Patchwork. Aber um diese Streifen herzustellen, bräuchten Sie eine Tischkreissäge. Wir nehmen wieder den elegant einfachen Weg – ein von Natur aus schönes Stück Holz und das Beste herausarbeiten. Das erreichen wir mit schicken Kurven und Ihrer ersten echten Oberflächenbehandlung: ein aufwischbares Öl, das die schimmernde Maserung zum Vorschein bringt.

Für dieses Schneidebrett brauchen Sie ein neues Werkzeug für Ihr wachsendes Arsenal: eine Oberfräse. Genau wie Ihre anderen Werkzeuge, wird sich die Oberfräse ein Leben lang bezahlt machen.

Fangen wir damit an, das richtige Holz zu suchen. Vielleicht haben Sie etwas Passendes in der Restekiste. Wenn Sie gerade erst als Holzwerker anfangen, fragen mal im Sägewerk oder beim Holzfachhandel nach Holzresten mit guter „Textur", was sich auf die Maserung bezieht. Die bekommt man meist billig und sie lassen sich toll zu Schneidebrettern oder Boxen verarbeiten. Fragen Sie nach Stücken, die schon eine gehobelte Oberfläche haben, keine sägerauen. Das habe ich getan und so ein Stück Weißeiche mit wunderschöner Maserung gefunden. Ich habe ein ganzes Brett gekauft, um gleich eine ganze Reihe an Schneidebrettern zu bauen.

Es gibt viele Diskussionen über die sichersten Hölzer und Oberflächenbehandlungen für Schneidebretter, aber in Wirklichkeit ist es weder furchteinflößend noch kompliziert. Vermeiden Sie Holzarten die bekannt für allergische Reaktionen sind. Bei Palisander, Cocobolo, Sassafras, Eibe und Olivenholz sollte man Acht geben, allerdings sind die sowieso selten und fast jedes andere Hartholz ist okay. Vermeiden Sie Weichhölzer wie Kiefer, Erle, Tanne und Pappel, denn die halten Messern nicht gut stand.

Der König der Schneidebretter ist Ahorn. Es ist verdammt hart, hat super enge Maserung (winzige Poren), wodurch man es einfach abwischen und reinigen kann und die Maserung verläuft in gewellten Mustern, die großartig unter einer Schicht Öl aussehen. Aber fast jedes Hartholz geht. Schneidebretter haben ein simples Design, das Holz steht im Vordergrund, also suchen Sie nach einem Brett, das von sich aus besonders aussieht. Was die Oberflächenbehandlung betrifft, da geht alles. Entgegen einem weit verbreiteten Irrglauben sind alle Oberflächenmittel nach dem Durchtrocknen ungiftig. Trotzdem sei gesagt: eine Ölbehandlung ist besser als dicke Lackierungen, denn Öl kann erneuert werden, wenn es matt wird, wogegen dicke Lasuren wie Polyurethan mit der Zeit brüchig werden und abblättern. Die müssten dann komplett abgeschliffen werden.

Projekt Nr. 7

Abgerundetes Schneidebrett

Dieses einfache Schneidebrett besteht nur aus einem kleinen Stück Holz, aber dadurch lernen Sie etwas über Kurven, Oberfräsen und Oberflächenbehandlung. Außerdem machen Sie damit Ihre Gäste neidisch.

Gute Hölzer für Schneidebretter. Je härter das Holz, desto besser hält es scharfen Messern stand. Nehmen Sie ein Brett, das auf beiden Seiten gehobelt wurde. Das hier ist Weißeiche, mit fast perfekt vertikaler Maserung (zu sehen an der Kante des Bretts). Das erzeugt coole Streifen auf der Oberfläche, genannt „Holzstrahlen".

Wichtige Abmessungen

Dieses geschwungene Schneidebrett hat Kurven in alle Richtungen. Die Seiten und der Griff sind rund, zudem werden alle Kanten oben und unten mit einem Fräser abgerundet, sodass es noch angenehmer für Augen und Hände ist.

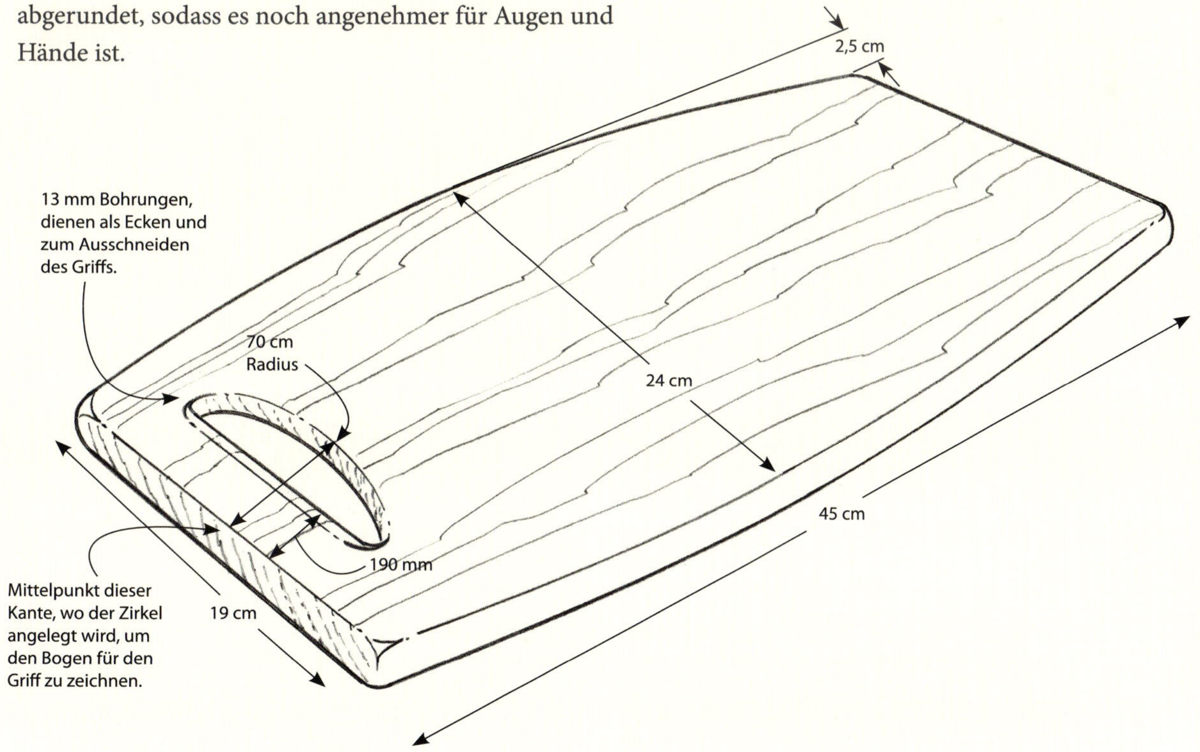

2,5 cm

13 mm Bohrungen, dienen als Ecken und zum Ausschneiden des Griffs.

70 cm Radius

24 cm

45 cm

190 mm

Mittelpunkt dieser Kante, wo der Zirkel angelegt wird, um den Bogen für den Griff zu zeichnen.

19 cm

1

Schnitte anzeichnen

1 Zuschneiden. Wenn Ihr Brett zu breit für die Kappsäge ist, nehmen Sie die Kreissägeführung für einen geraden, glatten Schnitt an den Enden. Achten Sie darauf, dass die Führung rechtwinkelig zum Brett ist und erhöhen Sie beide Teile, damit Sie alles einspannen können und nichts verrutscht.

2 Stab biegen zum Kurven zeichnen. Jedes durchgehend dünne Lineal oder Holz-/Metallstreifen funktioniert. Schlagen Sie ein paar Nägel in die Kurvenenden, gerade noch innerhalb des Überschussbereichs. Markieren Sie dann den Mittelpunkt der Kurve und drücken den Streifen dorthin, um einen wunderschönen Bogen zu zeichnen.

3 Den Griff anzeichnen. Nutzen Sie Ihren Kombinationswinkel, um eine Linie 40 mm entfernt vom Ende zu zeichnen. Stellen Sie dann einen Zirkel auf 70 mm und platzieren die Spitze nahe der Außenkante, direkt am Mittelpunkt, und zeichnen den gewölbten Teil des Griffs ein.

2

3

Den Griff aussägen

Die Stichsäge ist perfekt für diese Aufgabe geeignet. Sie brauchen nur ein Loch, um anzufangen. In diesem Fall bohren wir zwei, die dann die gerundeten Ecken des Griffs bilden.

1

1 **Löcher einzeichnen.** Da diese 13 mm großen Löcher als Ecken der Grifföffnung dienen, sollten wir sie exakt an der richtigen Stelle bohren. Messen Sie entlang der Enden des Griffs, um den Bohrer so zu platzieren, dass er gerade so die Linien berührt. Markieren Sie den Punkt und machen dann eine Einkerbung mit einem Nagel.

2

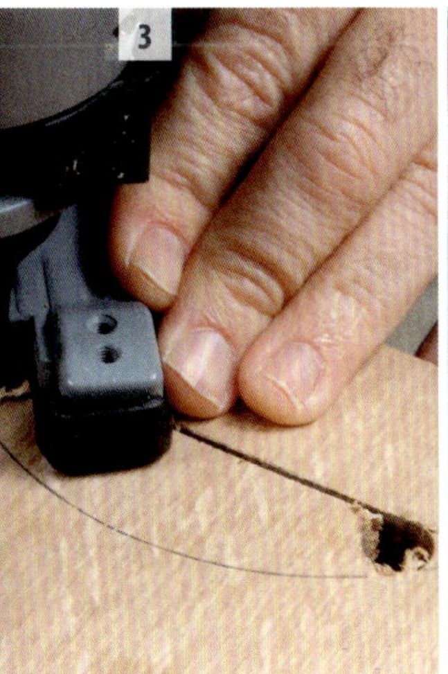
3

2 **Schrittweise bohren.** Das ist ein großes Loch in einem harten Holz, also fangen wir mit einem kleinen Bohrer an und arbeiten uns bis zu den vollen 13 mm hoch. Normale Bohrer folgen einander, zentrieren sich also selbst im kleineren Loch. Falls Sie jedoch einen 13 mm Forstner- oder Holzspiralbohrer haben, sollten sie das Loch in einem Durchgang machen. Beachten Sie das Stück Restholz unter dem Schneidebrett. Das verhindert Splitter an der Lochunterseite.

3 **Von Loch zu Loch sägen.** Starten Sie am äußeren Rand des Lochs, damit keine Unebenheit zwischen Schnitt der Stichsäge und Loch entsteht. Sägen Sie an der Innenseite der Linie entlang und versuchen dabei sauber in den äußeren Rand des anderen Lochs zu schneiden, damit Sie hinterher weniger schleifen müssen.

4

5

6

4 Jetzt die äussere Kurve sägen. Wenn Ihr Brett größer als die benötigten 24 cm breit ist, haben Sie beim Schneiden mehr Holz zum Aufliegen. In meinem Fall hatte ich die ganze Breite genutzt, also habe ich aufgepasst, die Stichsäge flach auf dem Holz zu halten, damit der Schnitt rechtwinkelig wird.

5 Die Aussenkanten abschleifen. Das Kugellager am Fräser (siehe Seite gegenüber) folgt allen Unebenheiten, also müssen die jetzt weg. Nehmen Sie Ihren Schleifklotz mit 80er Papier, um die Sägespuren zu glätten. Wo Dellen und Beulen sind, spüren Sie mit Ihren Fingern. Das sind großartige Helfer. Schleifen Sie auch die geraden Kanten.

6 Ein Schleiftrick für den Griff. Legen Sie dickes, aber flexibles Gummi zwischen das Schleifpapier. Ich habe eine alte Gummimatte genutzt. Damit werden Kurven glatter und das Papier kommt auch an engere Stellen ran. Hierbei habe ich das Brett senkrecht eingespannt.

Oberfräse Grundlagen

Eine kompakte Oberfräse wie diese DeWalt 611 ist ein guter Startpunkt. Stark genug für die meisten Aufgaben und doch einfach zu kontrollieren.

Wie man Fräser einsetzt. Entfernen Sie die Grundplatte, wenn möglich, und stecken den Fräser so tief rein wie es geht. Dann, um sicher zu gehen, dass er ordentlich hält, ziehen Sie ihn etwa 5 mm raus (oben) bevor Sie das Futter, genannt Spannzange, schließen. Die meisten Oberfräsen haben einen Knopf, der die Drehachse sperrt, während Sie die Spannzange mit einem Schlüssel anziehen. Andere brauchen zwei Schraubenschlüssel.

Lager geführte Fräser. Dieses Kugellager sitzt auf der Kante und kontrolliert den Schnitt. Dies ist ein 10 mm Abrundungsfräser, es gibt sie aber in allen möglichen Formen. Schäfte haben verschiedene Durchmesser. Achten Sie darauf, dass die Fräser in Ihre Maschine passen.

Grundplatte einsetzten und Tiefe einstellen. Lesen Sie im Handbuch nach, wie man die Grundplatte anbringt und ihre Höhe einstellt, um die Tiefe des Fräsers zu ändern.

Kanten fräsen

Das hier ist ein gutes Projekt, um den Umgang mit der Oberfräse zu lernen. Halten Sie die Fräse fest, wenn Sie sie einschalten, und achten darauf, dass der Fräser sich dabei frei drehen kann. Dann platzieren Sie die Grundplatte auf das Holz und bewegen Fräser und Lager an die Kante, die Sie bearbeiten möchten. Dann können Sie die Kante fräsen.

1 **Zuerst die Tiefe einstellen.** Zeichnen Sie eine Linie in der Mitte und stellen dann die Höhe des Lagers so ein, dass zumindest die Oberkante die Linie berührt.

2 **Spannen und fräsen.** Spannen Sie das Schneidebrett ein und fräsen gegen den Uhrzeigersinn um das Brett herum, gegen die Drehrichtung des Fräsers. So lässt sich die Oberfräse einfach kontrollieren. Mit einer Hand halten Sie die Oberfräse, mit der anderen drücken Sie die Grundplatte flach aufs Holz. Starten Sie in der Mitte einer Kante, nicht an einer Ecke, und fühlen dann, wie das Lager der Fräse um die Ecken gleitet, wenn Sie von Kante zu Kante gehen. Sie werden das Brett und die Zwingen umsetzen müssen, um alles zu fräsen.

3 **Auch im Griff fräsen.** Diesmal gehen Sie im Uhrzeigersinn um die Form herum. Halten Sie die Oberfräse immer in Bewegung, um Brandflecken zu vermeiden und gehen Sie ein zweites Mal drüber, um Unebenheiten vom ersten Mal zu beseitigen.

4 **Jetzt die Kehrseite.** Nachdem Sie die Zwingen umgesetzt haben, um alle Kanten einer Seite zu fräsen, drehen Sie das Schneidebrett um, damit Sie die Rückseite fräsen können. Wie Sie sehen, ist noch ein kleiner flacher Teil übrig, auf dem das Lager aufliegt. Mit Ihren Schleifwerkzeugen verwandeln Sie dann die Fräskante und den flachen Teil in eine glatte Rundung entlang der Kanten und im Griffinneren.

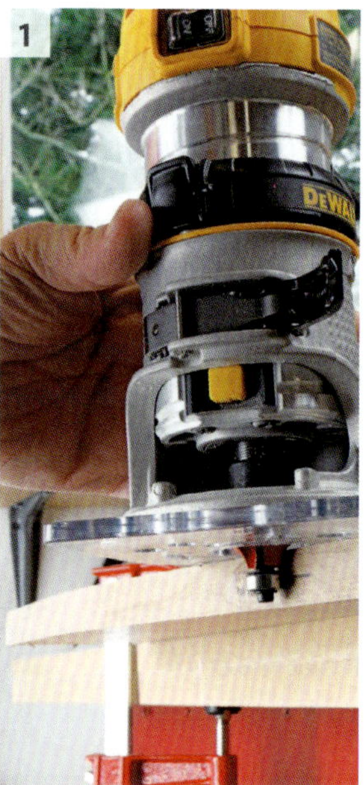
1

2

3

4

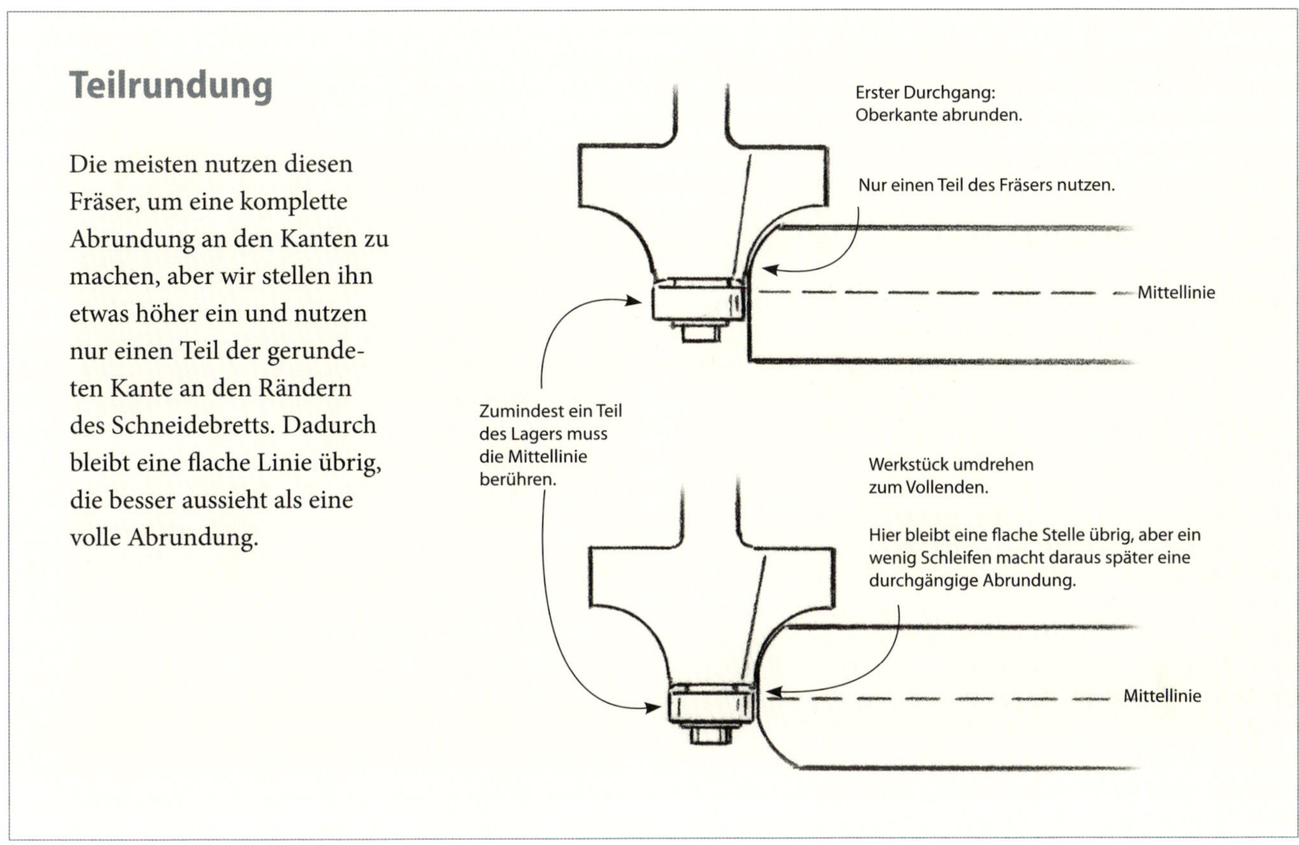

5 Dazu Füße, wenn sie wollen. Ich habe diese Anti-Rutsch-Füße im Baumarkt gefunden. Sie heben das Brett an, damit es nach dem Abwaschen besser trocknen kann.

Wie man eine Ölbehandlung macht

Eine gute Oberflächenbehandlung braucht Vorbereitung. Wenn Sie richtig schleifen, bekommen Sie eine wunderbare Oberfläche auf jedem Holz. Nehmen Sie auf ebenen Flächen immer einen Schleifklotz.

1 Durch die Körnungen arbeiten. Beim Schleifen der Kanten und Oberflächen dieses Schneidebretts oder jedem anderen Projekt sollten Sie schrittweise von grober Körnung wie 120er hin zu feiner Körnung gehen: 150er, 220er und 320er Körnung. Jede weitere Körnung macht feinere Kratzer, entfernt die gröberen Schleifspuren von vorher und verursacht dann so feine Spuren, dass sie unter dem Öl wie glanzbehandelt aussehen.

2 Staub wegsaugen. Das ist der effektivste Weg, um Schleifstaub aus den Holzporen zu entfernen, damit die Maserung am besten aussieht. Druckluft funktioniert auch oder mit dem Hemd abwischen, wenn sonst nichts da ist.

3 Der magische Moment. Wenn die erste Ölschicht aufgetragen wurde, kann man endlich die Maserung in ihrer vollen Pracht bewundern. Kaufen Sie eine klare Öl-Lasur (nicht getönt oder gefärbt). Nehmen Sie keine Beize! Gutes Holz ist von sich aus schön und eine tolle Holzbeize oder Färbung kriegt man nicht so einfach hin.

4 Auftragen, abwischen. Warten Sie 5 bis 10 Minuten, nachdem Sie eine großzügige Schicht Öl aufgetragen haben, und wischen es dann mit einem sauberen Stoff oder Papiertüchern ab. Übrigens, Einweg-Vinylhandschuhe sind großartig für solche Arbeiten, damit spart man sich eine Menge Händewaschen.

5 Zwischen den Schichten schleifen. Warten Sie mindestens 6 Stunden und schleifen dann mit 320er Körnung. Dieses Mal brauchen Sie keinen Klotz. Falten Sie einfach das Papier und entfernen die kleinen Staubkörner und Holzfasern, die nach der ersten Schicht hervor kommen.

6 Zwei Schichten reichen. Tragen Sie noch eine Schicht Öl auf und wischen den Überschuss weg. Lassen Sie alles 24 Stunden trocknen und genießen dann Ihre erste, butterweiche Oberflächenbehandlung.

6 Klempnerrohr + Sperrholz = Hochmodern

Wenn Sie in den Baumarkt gehen und Ihren kreativen Hut aufsetzten (ich denke da ein Barett mit großer Feder), werden Sie alles Mögliche zum Bauen finden. Klempnerrohre sind ein tolles Beispiel dafür.

Dieses System aus Gewinderohren und Verbindungsstücken habe ich das erste Mal im Verbund mit nierenförmigen Sperrholzstücken benutzt, um ein Schreibtisch- und Regalsystem für meine junge Tochter zu bauen. Gehen Sie ins Internet und Sie werden tonnenweise Selbstbau-Projekte finden, die dieses Verschraub-System nutzen. Von Lampen über Kücheninseln bis hin zu allen möglichen Möbeln.

Der industrielle Look ist nichts für jedermann, aber ich liebe ihn und liebe es auch, damit zu bauen. Es gibt kistenweise Anschlussstücke und Flansche wie die Lego-Technik-Sets aus den Kindertagen – genauso spaßig und vielseitig, aber stärker und strapazierfähiger. Die Rohre gibt es mit schwarzer Stahloptik oder silbergrau verzinkt, also haben Sie Optionen beim Entwerfen.

Um Tischplatten, Wände oder Böden zu verbinden, sind die breiten Flansche die Schlüsselkomponente. Mit dem Gewinde befestigt man sie an den Rohren, zudem haben sie Löcher zum Verschrauben.

Dieses Projekt kombiniert Rohre und Armaturen mit einem schönen Sperrholz, das Sie vielleicht noch nicht kennen. Es nennt sich Birke-Multiplex und hat durch die Holzschichten viele dünne Streifen an den Rändern. Beim Möbelbau werden die Kanten von Sperrholz oft mit Massivholzstreifen abgedeckt, aber diese coolen Kanten – nach Politur und Behandlung – passen perfekt zum industriellen Stil der Klempnerrohre.

Dieses hochwertige Sperrholz findet man bei größeren Sägewerken und Hartholzhändlern. Rufen Sie einfach vorher an und man wird Ihnen sagen, ob es vorrätig ist. Das Holz kann auch vor Ort in passendere Größen gesägt werden, damit Sie es einfacher nach Hause kriegen. Für die Tische in diesem Kapitel brauchen Sie Platten mit 60 mal 120 cm, die würden sogar in einen Smart passen.

Für diese Wohnzimmer-Designs habe ich das silbergrau verzinkte Rohr genommen. Es sieht edler aus als die schwarzen Rohre und harmoniert besser mit dem hellen Sperrholz. Wie Sie merken, habe ich Designs gesagt, Mehrzahl. Ich wusste, dass ich einen Couchtisch mit darunterliegender Ablage bauen wollte, aber als ich verschiedene Formen für Ablage und Tischplatte ausprobiert habe, fand ich zwei Herangehensweisen, die ich gleichermaßen mochte. Also habe ich beide gebaut. Nehmen Sie, was Ihnen am besten gefällt oder denken Sie sich eine eigene Form aus.

Design Grundlagen

Bei diesem Projekt lernen Sie zwei wichtige Lektionen. Eine ist das Auftragen einer Polyurethan-Lackierung. Die andere ist das Entwerfen mit Prototypen.

Viele Leute hetzen durch die Designphase, um zur Bauphase zu kommen, und legen nur mit einer groben Skizze oder Idee los. Das kann spaßig und befreiend sein, aber auch zu Enttäuschung führen. Meistens verwirft man entweder das Projekt mittendrin – eine Verschwendung von Zeit und Material – oder man kämpft sich durch, nur um dann ein Projekt zu haben, mit dem man nicht richtig glücklich ist.

Das ist schade, denn auch die Designphase kann Spaß machen. Zudem gibt es vielfältige Herangehensweisen. Während manche Leute Computerprogramme nutzen, um jedes Detail zu planen, finde ich das ein bisschen ermüdend und manchmal irreführend. Für mich und viele andere ist nichts besser, als den Entwurf in der Wirklichkeit zu sehen. Darum nutze ich meistens Skizzen und Prototypen. Die Skizzen sind ziemlich grob, eher fürs Ideensammeln und nur so detailliert, dass ich zur Prototypenphase komme.

Ein Prototyp ist ein lebensgroßes Modell Ihres Projekts oder eines wichtigen Teils davon, gebaut aus dem billigsten Material, das einfach zu bearbeiten ist. Mein Lieblingsbilligmaterial für Prototypen sind feste Dämmplatten, die in verschiedenen Dicken erhältlich sind. Ich habe hier etwas dünnere genommen, um die Stärke des Sperrholzes zu simulieren (siehe "Prototypen für eine echte Vorschau" S. 91). Dasselbe habe ich auch beim Schneidebrett im vorigen Kapitel gemacht.

Die Dämmplatten kann man einfach mit normalen Werkzeugen zerschneiden, es dauert daher nur ein paar Minuten etwas auszuprobieren. Zudem kann man zum Verbinden der Teile Klebeband oder ähnliches nehmen.

Eine schützende Oberfläche

Auf Flächen mit hohem Verschleiß wie einer Tischplatte ist es gut, wenn die Lasur strapazierfähiger ist als der dünne Ölfilm den wir beim Schneidebrett benutzt haben. Also ist die zweite wichtige Lektion hier, wie man eine dickere, glänzendere Schicht mit mehr Schutz aufträgt.

Ich werde ein schnelltrocknendes, ölbasiertes Polyurethan von Minwax auftragen, um eine starke Lasur für den Tisch zu bekommen, die man bei fast jedem Projekt nutzen kann. In dieser Lackierung ist auch Öl enthalten, das die tief schimmernden Muster der Maserung hervorbringt, aber der Film, der sich bildet, funktioniert wie eine Linse, die den Glanz noch verstärkt.

ZWEI DESIGNS. Beim bootsförmigen Design (siehe S. 88), sind Platte und Auflage deckungsgleich. Beim anderen (hier abgebildet), sind die Formen zwar identisch, aber eine ist verkehrt herum und kreiert so oben und unten interessante Flügel. Da jedes Teil nur 60 cm breit ist, können Sie alle vier aus einer 2,4 m langen Sperrholzplatte machen.

Prototypen für eine echte Vorschau

Sie können so viel zeichnen, wie Sie wollen, aber nichts bietet einen besseren Eindruck als ein Prototyp in Originalgröße. Ich nehme meistens 20 mm dicke Dämmplatten als Holzersatz. Die sind billig und leicht zu schneiden.

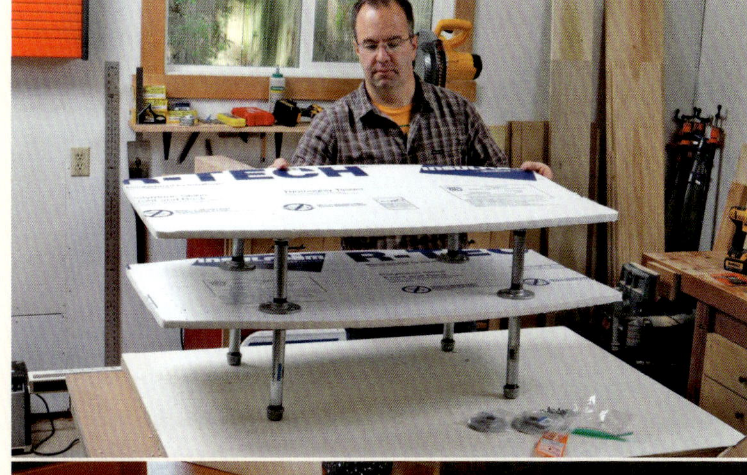

Unentschieden bei den Tisch-Designs. Ich konnte die Schrauben direkt in die steife Dämmplatte stecken und so verschiedene Formen ausprobieren. Ich habe sie auch testweise ins Wohnzimmer gestellt.

Lahme Bretter. Ich habe einige Schneidebretter verworfen, bevor ich die richtige Form für Brett und Griff fand.

Projekt Nr. 8

Postmoderne(r) Couchtisch(e)

Bringen Sie Ihr High-End-Sperrholz in die gewünschte Form, fügen Sie Sanitärinstallationen aus dem Baumarkt hinzu und schon haben Sie einen Couchtisch, der in jedes Berliner Hipsterlokal passen würde.

Schöne Kombi. Multiplex aus Birke hat gestreifte Schichten an den Kanten, die nach Schliff und Oberflächenbehandlung großartig aussehen. Der industrielle Look passt gut zu den Armaturen.

Grundaufbau

Couchtische haben eine Standardhöhe, etwa 45 cm, die gut für Leute passt, die auf einem Sofa sitzen. Also nehmen Sie die folgenden Rohrgrößen, aber passen gerne die Form von Tisch und Auflage an.

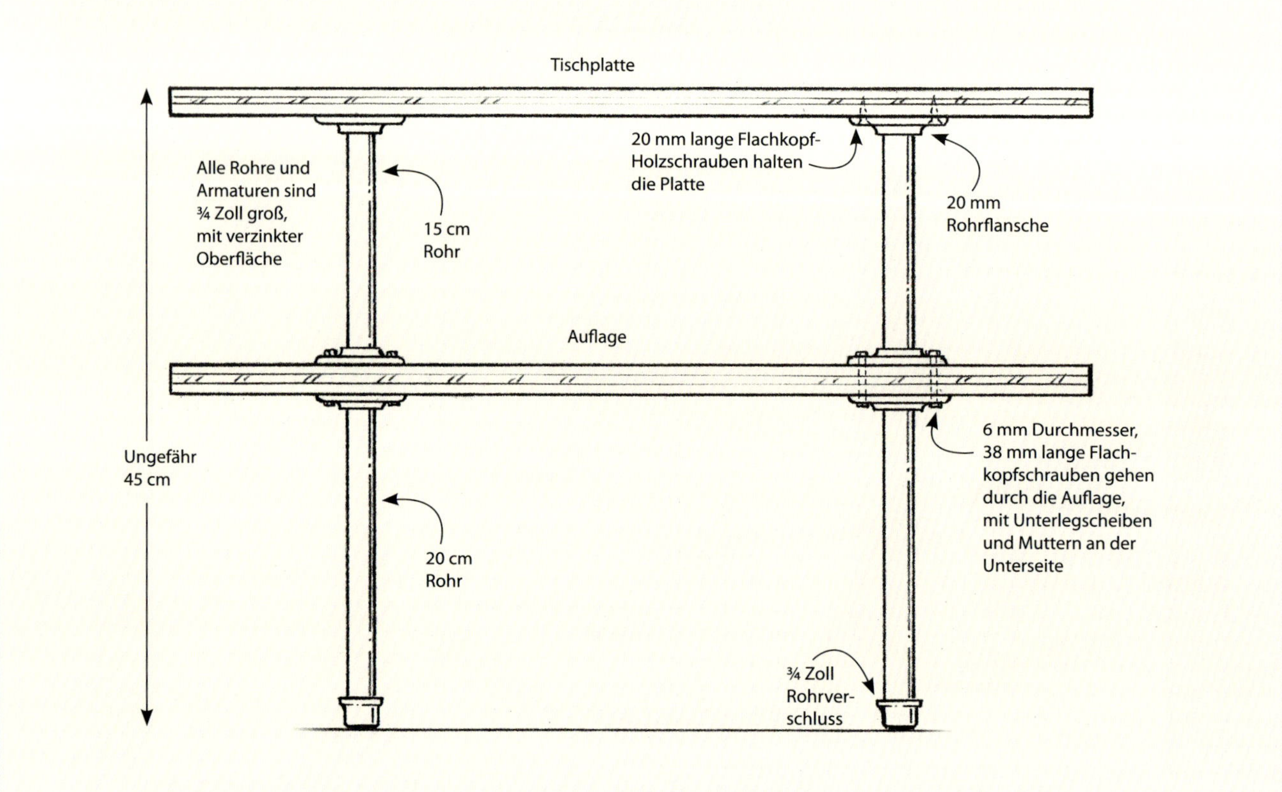

Für beide Tische wird 18 mm starkes Sperrholz zusammengeklebt, damit identische Stücke gesägt werden können.

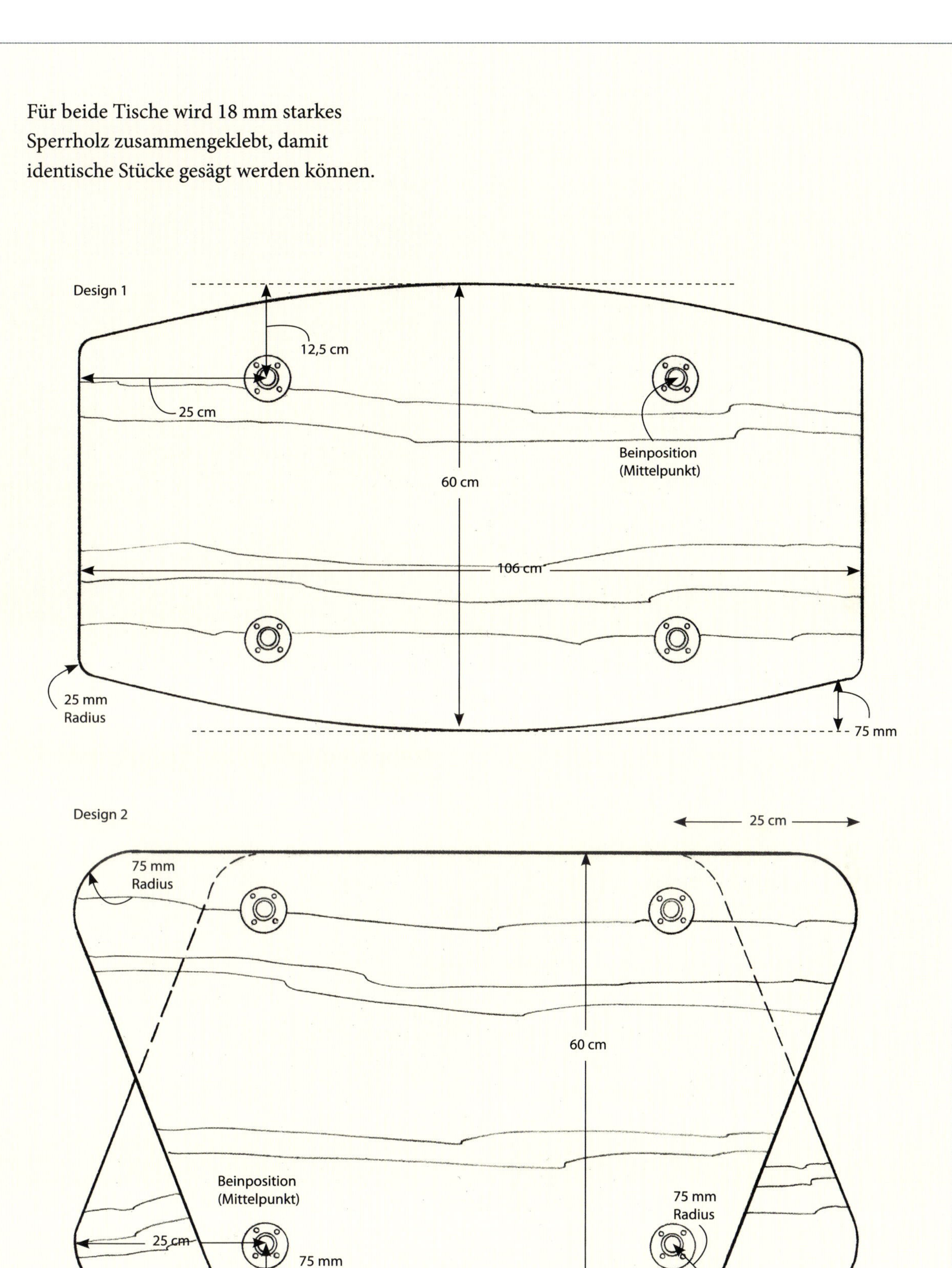

Teile vorbereiten

Wir können aus zwei Designs wählen, beide werden jeweils aus einer 120 mal 120 cm Platte Birke-Multiplex gemacht. Sie werden wahrscheinlich eine ganze 125 mal 250 cm Platte kaufen müssen, also bewahren Sie den Rest für ein anderes Projekt auf.

1 **Sperrholz zuschneiden.** Die Mitarbeiter im Baumarkt oder Sägewerk können die 125 x 250 cm Platte mit einer Formatkreissäge halbieren oder noch kleiner machen. Zu Hause nehmen Sie dann Ihre Sägeführung, um die endgültige Größe zu bekommen. Alle Teile sollten gleich groß sein.

2 **Zuerst anzeichnen.** Für die Trapezform (Design 2 auf S. 93), markieren Sie zuerst die Mittelpunkte der gerundeten Ecken und zeichnen dann mit dem Zirkel die Bögen dafür ein. Die Bögen verbinden Sie dann mit geraden Linien. Für das bootsförmige Design (Design 1) nutzen Sie den Trick zum Kurvenzeichnen vom Schneidebrett-Projekt. Ein Alulineal ist perfekt für diese langen Kurven.

1

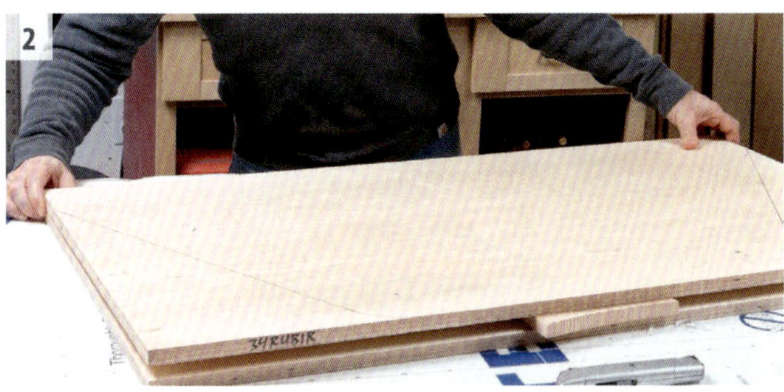
2

3

4

5

6

Teile stapeln ist schnell und genau

Indem Sie zwei Teile aufeinander legen, können Sie gleichzeitig zuschneiden und glätten. Das geht schneller und beide werden garantiert identisch.

1 **Das Geheimnis ist doppelseitiges Klebeband.** Nehmen Sie ein dickeres mit Gewebeeinlage. Achten Sie darauf, dass das Klebeband innerhalb der Markierung geklebt wird.

2 **Wie man die Teile ausrichtet.** Legen Sie einen Holzstab auf die andere Seite, damit das Klebeband noch nicht haftet, während Sie die Ecken auf Ihrer Seite ausrichten. Dann greifen Sie rüber, ziehen den Stab raus und lassen die obere Platte fallen. Für starken Halt üben Sie Druck auf die Stellen mit Klebeband aus.

3 **Gerade Linien sägen.** Nehmen Sie Kreissäge und Führung, um die langen, angewinkelten Seiten des Trapezes zu sägen und so die eingezeichneten Bögen zu verbinden.

4 **Kurven mit Kreissäge.** Mit der Kreissäge schneiden Sie entweder die langen Kurven des einen Tischs oder die gerundeten Ecken des anderen. Damit die Säge sich nicht neigt und gewinkelte Schnitte macht, drücken Sie die Innenseite des Sägeschuhs fest aufs Sperrholz.

5 **Viel schleifen.** Glätten Sie die Kurven mit Schleifklotz und 80er Schleifpapier.

6 **Teile auseinander bekommen.** Doppelseitiges Klebeband hat einen starken Halt. Um die Teile unbeschädigt zu trennen, kann man einen breiten Spachtel benutzen. Einfach zwischen die Platten stecken und dann gleichmäßig auseinander hebeln, das Klebeband so langsam Stück für Stück lösen.

Kanten fräsen

Diese Kanten haben die gleiche Form wie die des Schneidebretts.

1 **Mit Mittellinien anfangen.** Wie zuvor zeichnen Sie die Mitte der Kanten ein und justieren die Tiefe so, dass zumindest der obere Teil des Lagers noch die Linie berührt.

2 **Fräsen, wenden und fräsen.** Genau wie beim Schneidebrett: zuerst eine Seite fräsen, Werkstück und Zwingen nach Bedarf umsetzen und danach das Holz wenden und auf der anderen Seite wiederholen.

Teilrundung

Wie zuvor, nutzen wir nur einen Teil des 10 mm Fräsradius an den oberen und unteren Kanten. So bleibt genug ebene Fläche für das Kugellager übrig. Ein bisschen Schleifen hinterher verwandelt die Kante in eine glatte Rundung.

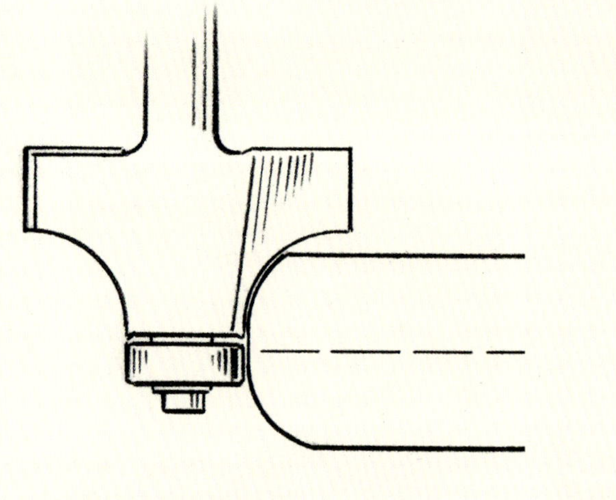

Pause für Anzeichnen und Bohren

Schrauben gehen durch die Auflage, um die Rohrflansche oben und unten zu verbinden. Vor dem finalen Schleifdurchgang markieren und bohren Sie die Schraublöcher in der Auflage. Schauen Sie in den Zeichnungen nach, wo Rohre und Flansche hin müssen. Bohren Sie noch nicht die Tischplatte!

1 **Flansch als Bohrschablone.** Wenn Sie die Mitte der Löcher markiert haben, legen Sie den Flansch nach Augenmaß auf die richtige Stelle und machen dann kleine Kreise in den Schraublöchern.

2 **Die Auflage bohren.** Machen Sie zunächst eine Nageleinkerbung in den gezeichneten Kreisen und bohren dann mit einem 6 mm Bohrer durch die Auflage.

3 **Kanten glatt schleifen.** Mit einem dicken Stück Gummimatte zwischen dem Schleifpapier habe ich die gefrästen Kanten von Tischplatte und Auflage in eine glatte Kurve verwandelt. Fangen Sie mit 120er Körnung an und machen weiter mit 150er und 220er.

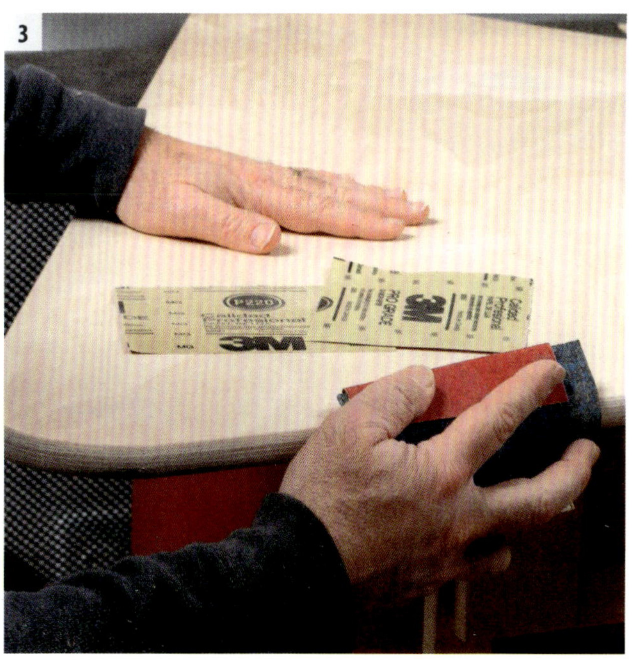

Exzenterschleifer zähmt grosse Oberflächen

Die großen,ebenen Flächen des Sperrholzes könnten Sie mit dem Schleifklotz bearbeiten, aber jetzt wäre ein guter Zeitpunkt, um in einen Exzenterschleifer zu investieren. Mit etwa 50 bis 60 € bieten Modelle mit 125 mm Durchmesser ein gutes Preis-Leistungs-Verhältnis.

Klett-Schleifscheiben. Diese Scheiben lassen sich einfach anbringen und entfernen. Für effektive Staubaufnahme müssen die Löcher von Scheibe und Schleifer korrekt ausgerichtet sein.

Schleifer immer mit Staubsauger verbinden. Das hält den Staub aus Ihrer Lunge fern und macht das Schleifpapier länger haltbar.

Langsam und gleichmässig. Drücken Sie nicht zu fest auf und bewegen Sie das Gerät, anders als den Schleifklotz, nicht schnell hin und her (der Schleifer macht das schon!). Halten Sie ihn gerade und bewegen ihn in einem gleichbleibenden Muster, das Sie sich merken können, damit die Fläche gleichmäßig geschliffen wird. Schleifen Sie nicht zu viel auf einer Stelle, sonst schleifen sie eventuell durch das Furnier und legen die dunkle Klebeschicht frei.

Lasur mit ölbasiertem Polyurethan (1)

Ölbasiertes Polyurethan ist eine dicke, strapazierfähige Lasur für Objekte mit viel Abreibung wie einen Tisch. Wie immer macht auch hier die Vorbereitung der Oberfläche den Unterschied. Deshalb haben wir so vorsichtig geschliffen.

Schnelltrocknende Lackierung. Mit schnelltrocknendem Polyurethan in warmer Arbeitsumgebung können Sie innerhalb von ein paar Stunden noch einmal schleifen und eine weitere Schicht auftragen. Nehmen Sie Satinglanz für ein sanftes Glänzen bei Möbeln. Warnung: Satinlasuren haben Feststoffe, die auf den Boden sinken. Diese Schmiere muss eine Weile gerührt werden, bis sie sich wieder mit der Lasur vermischt. Mischen Sie die Lasur während des Auftragens immer mal wieder durch.

1 **Mit den Flächen starten.** Legen Sie ein paar Bretter unter das Werkstück, damit Sie die Kanten erreichen. Schaumpinsel sind wegwerfbar und gut für Polyurethan. Tragen Sie erst in der Mitte auf und bleiben zunächst von den Kanten fern, um Tropfen zu vermeiden. Dann machen Sie Durchgänge, die in der Mitte starten und über die Kanten gehen, um die Oberfläche mit minimaler Tropfenbildung zu bedecken.

2 **Kanten zuletzt.** Ohne den Pinsel nochmal einzutauchen, verteilen Sie jetzt die Lasur an den gerundeten Kanten. So wird alles bedeckt und Tropfenbildung vermieden.

3 **Nach Tropfen suchen und trocknen lassen.** Fahren Sie mit einem Papiertuch die Unterkante entlang, um Tropfen zu glätten. Dann warten Sie 4 bis 6 Stunden bis die Lasur ausgehärtet ist, drehen dann das Werkstück um und wiederholen den Vorgang auf der anderen Seite. Sie werden die Kanten zweimal lackieren, aber das ist kein Problem.

Lasur mit ölbasiertem Polyurethan (2)

4 **Leicht schleifen und absaugen.** Lassen Sie die Lasur 12 Stunden lang trocknen und nutzen dann 220er Schleifpapier, um die nun rauen Oberflächen zu glätten. Nehmen Sie den Schleifklotz für die Flächen und die Gummieinlage an den gerundeten Kanten. Schleifen Sie gerade genug für ein glattes Gefühl und saugen bzw. wischen den Staub weg.

5 **Alles nochmal.** Tragen Sie noch eine Schicht auf jeder Seite auf und warten einen Tag, bevor Sie wieder schleifen, dieses Mal noch leichter, mit dem Schleifpapier in der Hand.

6 **Schleifpapier-Trick.** Um ein Stück Schleifpapier so zu falten, dass keine rauen Kanten aufeinandertreffen und stumpf werden, falten Sie es zunächst in beide Richtungen und reißen dann einen Falz bis zur Mitte ein. Dann wie abgebildet falten. Um die ungenutzten Seiten hervorzubringen, wird entfaltet und wieder neu gefaltet.

7 **Feste abwischen und neu auftragen.** Polyurethanstaub kann etwas gummiartig sein und muss kräftig abgewischt werden. Tragen Sie noch eine letzte Schicht auf (vorsichtig dieses Mal) und Sie sollten fertig sein. Aber warten Sie noch einen Tag, bevor Sie die restlichen Teile anbringen.

1

2

3

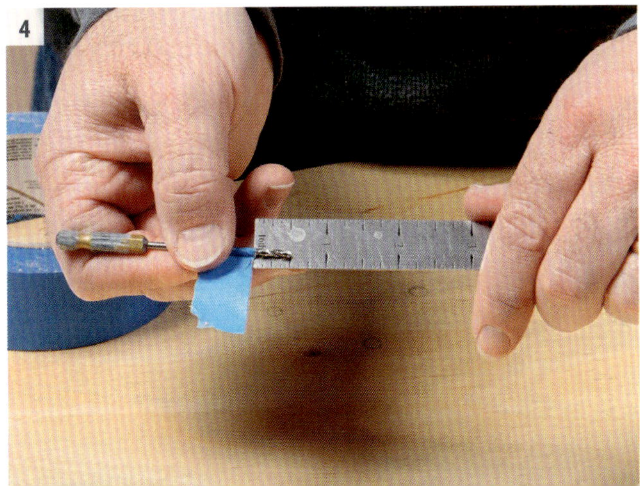
4

Alles zusammenbauen

1 **Rohre vorbereiten.** Bringen Sie alle Füße und Flansche an, schrauben alles fest und nehmen ein Brett, um zu schauen, ob alle die gleiche Höhe haben. Entfernen Sie Schmiere und Preisschildreste mit Farbverdünner.

2 **Muttern und schrauben.** Flachkopfschrauben werden durch die oberen Flansche in die darunter gesteckt. Dann kommen Muttern und Unterlegscheiben dazu, um alles zu fixieren.

3 **Oberteil anbringen.** Legen Sie die Tischplatte unter die ganze Konstruktion, Unterseite nach oben, und nehmen den Kombiwinkel, um die Platten auszurichten. Zum Markieren der benötigten Vorbohrungen nutzen Sie dann die Löcher der Flansche. Diese bohren Sie dann und schrauben danach das Oberteil fest. Bohren Sie nicht zu tief!

4 **Flaggentrick.** Damit Sie nicht durch den Tisch bohren, messen Sie, wie tief Sie gehen wollen, und befestigen eine kleine Klebebandflagge auf dieser Höhe. Wenn die Flagge die Späne wegfegt, wissen Sie, dass es Zeit ist aufzuhören.

7 Fertige Beine für einfache Tische

Im letzten Kapitel haben wir mit Klempnerzubehör zwei Couchtische kreiert. Zum Verbinden von Teilen funktioniert dieses System gut, aber die Rohre sind etwas zu dünn, um sie alleine als Beine zu nutzen, vor allem, wenn der Tisch höher als Kniehöhe ist. Außerdem ist der industrielle Look nichts für jedes Projekt und jeden Geschmack. Glücklicherweise gibt es andere, einfache Optionen, um Beine an Holzplatten anzubringen und Tische herzustellen. In diesem Kapitel schauen wir uns drei an.

Währenddessen lernen Sie auch, wie man große unbesäumte Bohlen findet und verwendet, und die werden die meisten „ohhs" und „ahhs" von allem was Sie bauen hervorrufen. Da können Sie mir vertrauen. Und als Bonus mache ich auch einen kurzen Abstecher zu einem der besten Möbelstile der letzten 100 Jahre: Mid-Century modern. Fangen wir gleich damit an.

Warum Design-Geschichte wichtig ist

Wenn Sie dieses Buch gekauft haben, besitzen Sie ein starkes Verlangen, Dinge selbst zu machen, sei es Ihr Haus, Apartment, Wohnung umgestalten oder große und kleine Handarbeitsprojekte zu fertigen. Darum lohnt es sich, einen kurzen Ausflug in die Design-Historie zu machen. Wenn Sie die ignorieren, vermischen Sie Elemente, die nicht richtig harmonieren und wundern sich, warum ihnen das Aussehen Ihrer Werke nicht gefällt.

Sie wissen schon eine Menge über Design-Geschichte. Das fängt damit an, wo Sie geboren wurden und die Häuser und Möbel, von denen Sie umgeben waren. Und dann gibt es da noch all die Orte, die Sie besucht und genossen haben, jeden Film und jede Serie, die Sie gesehen haben. Wenn sie aus Bayern kommen, mögen Sie vielleicht Häuser und Einrichtungen im Landhausstil. Oder Sie hassen ihn vielleicht und denken da an das langweilige Haus der Großeltern. Wenn Sie anderswo aufgewachsen sind, verspüren Sie vielleicht die gleiche Liebe oder Abneigung für den Biedermeierstil.

Sie wissen vielleicht nicht, wie diese Stile heißen, aber ich garantiere Ihnen, dass Sie genau wissen was Ihnen gefällt, wenn Sie es sehen.

Wenn Sie etwas bauen wollen, das toll aussieht, zahlt es sich aus zu wissen, was die grundlegenden historischen Stile sind. So verstehen Sie, warum griechische Säulen komisch an einem Fachwerkhaus aussehen. Oder warum Zierleisten bei Stilmöbeln und Renaissance-Kathedralen passen, aber beim Arts- and Crafts-Schrank fehl am Platz sind.

Mid-century modern Stil

Die heutigen Trends kommen und gehen schnell und sie sind querbeet. Die meisten würden zustimmen, dass die letzte große Designära vor etwa 50 Jahren geendet hat. Zufällig ist sie auch eine meiner Favoriten. Wenn Sie sich mal die Möbel und Einrichtungen der TV-Serie Mad Men anschauen, bekommen Sie einen Eindruck. Der Stil nennt sich Mid-Century modern und Danish modern ist ein naher Verwandter.

Diese Stile der Jahrhundertmitte nutzen klare Linien, natürliche Materialien und harmonieren gut mit asiatischen Einflüssen und organischen Details wie der Rinde am Brett, das wir in diesem Kapitel benutzen. Mid-Century modern kombiniert auch oft Metall, Plastik, Holz und Beton, also ist vom Material her alles offen. Und das Beste ist, dass es perfekt in die heutigen Häuser und Wohnungen passt.

Googeln Sie die Bauhaus-Bewegung in Europa und dann Mid-Century modern, welches der amerikanische Ableger ist. Versuchen Sie da mal nicht inspiriert zu werden. Ich wette, Sie können es nicht.

Ein vielseitiger Stil

Wie dieses Kapitel zeigt, muss man kein Meistermöbelbauer sein, um Projekte im sauberen, modernen Mid-Century Stil zu bauen. Aber hier sind spaßeshalber drei meisterhafte Stücke von großartigen Möbelmachern, damit Sie sehen, was möglich ist.

Modern trifft rustikal. Jon Sterling baute diese Bank aus einer Bohle und Beinen im Mid-Century-Stil, ähnlich wie wir es in diesem Kapitel machen.

Saubere Kurven. Mario Rodriguez' Couchtisch ist vom Danish-Modern-Design inspiriert, mit klaren modernen Linien, die das wunderschöne Mahagoni zur Schau stellen.

Skandinavien trifft Asien. Mark Edmundsons Bank mischt asiatische Beine mit schwedischem Mid-Century-Design und einer Rattan-Sitzfläche.

Eine „Bau-was"-Interpretation dieses Stils

Von Anfang an wollte ich in diesem Buch ein Projekt mit einer ungesäumten Bohle und Anschraubbeinen machen. Aber als ich mich in die online erhältlichen Beine eingelesen hatte, haben sich die Möglichkeiten vervielfacht. Meine zwei Favoriten sind beide im Mid-Century-Stil, die wunderbar mit ungesäumten Brettern harmonieren. Also habe ich beide genommen.

Die Hairpin-Beine mit drei Stangen sind ein Mid-Century-Klassiker. Ich habe welche in Esstischhöhe gekauft, also habe ich Sie an unserer Walnussplatte angebracht und einen kleinen Schreibtisch gebaut. (siehe Foto auf S. 103)

Die runden konischen Walnussbeine sind eine weitere Mid-Century-Option, die ich im Internet gefunden habe[1]. Diese werden in eine Halterung geschraubt, die wiederum an die Unterseite unserer Walnussplatte kommt (siehe oberes Foto). Einfacher geht's nicht.

Zum Begriff ungesäumte Bohle: "ungesäumt" bedeutet, dass das Sägewerk die originale Rinde zumindest an einer Seite drangelassen hat, und von einer „Bohle" spricht man, wenn das Brett groß, dick und breit ist. Zudem funktioniert sie von sich aus als Tischplatte oder Bank (anstatt schmalere Bretter zusammenzukleben). Man findet sie oft unter dem Begriff Schnittware bzw. Blockware.

Bohlenwahnsinn

Bohlen sind großartig. Sie sind etwas schwerer zu finden und zu glätten als normale Bretter, aber ich zeige Ihnen, wie Sie diese Hindernisse überwinden und das gelobte Holzwerkerland betreten. Von allen Dingen, die Sie jemals bauen werden, wird nichts den Wow-Faktor der ungesäumten Stücke haben. Da ist einfach etwas Besonderes an der Größe, den gerundeten Kanten, der wunderschönen Maserung und den natürlichen „Defekten", wodurch es sich anfühlt, als ob man die Seele eines lebendigen Baumes ins Haus bringt. Schauen Sie sich die fabelhafte Wandlung an, die unser Brett durchläuft und Sie werden verstehen was ich meine.

1 Sie finden entsprechende Angebote, wenn Sie „Hairpin-Beine" oder „Tischbeine Holz" in Ihre Suchmaschine eingeben.

Wo man Bohlen findet und worauf zu achten ist

Wenn Sie so eine Bohle finden wollen, müssen Sie ein bisschen recherchieren. Ich habe meine bekommen, indem ich bei meinem lokalen Holzwerkerclub rumgefragt habe, dessen freundliche Mitglieder einen ortsansässigen Profi empfohlen haben, der vielleicht ein paar Bretter übrig hat. Und tatsächlich, Alexander Anderson hatte eines für mich in seinem Laden im Nordosten Portlands. Es hat 200 € gekostet, was sich zunächst nach viel anhört, aber nur, bis man das Endprodukt sieht, das mich ein Leben lang glücklich machen wird.

Mit einer Googlesuche und ein paar Anrufen lassen sich auch ein paar Holzhändler oder Sägewerke finden, die unbesäumte Bohlen anbieten. Da zahlt man meistens etwas mehr, aber die haben auch eine größere Auswahl als Privatpersonen.

Beim Aussuchen der Bohle, abgesehen von passender Größe und Dicke entsprechend Ihrer Bedürfnisse, ist das wichtigste Kriterium, ob das Holz ordentlich und gründlich getrocknet wurde. Das bedeutet, dass es entweder langsam in einer Trockenkammer getrocknet wurde oder draußen gestapelt und luftgetrocknet wurde, bis das ganze

Wasser aus dem Inneren verdunstet ist. Apropos innen, suchen sie nach Bohlen, die eine Zeit dort gelagert wurden. Wenn Ihre noch draußen liegt, braucht es eventuell noch eine ganze Weile, bis sie auf das gleiche Level wie bei trockener Innenluft kommt.

Wenn eine Bohle sehr verzogen ist, wurde sie wahrscheinlich zu früh ins Innere gebracht, oder zu schnell im Ofen getrocknet. Also bringen sie einen Maßstab mit, z. B. Ihr langes Aluminiumlineal. Wenn das Holz mehr als 6 mm verzogen ist, kaufen Sie es nicht – es sei denn, Sie haben kein Problem, beim Glätten eine Menge Dicke zu verlieren.

Drei andere Dinge, die man vermeiden sollte, sind instabile Äste, lange Risse und verrottetes Holz. Äste sind okay, solange sie nicht rausfallen und keine großen Löcher verursachen. Kurze Risse sind auch okay, aber lange machen das Brett instabil. Um verrottetes Holz zu finden, schauen Sie nach Insektenlöchern und verfärbten, zerbröckelnden Stellen.

Im Walnussbrett, das ich gekauft habe, waren ein paar Risse vom Trocknungsvorgang, aber es gab genug Überlänge, sodass ich diese Teile absägen konnte. Auch den Großteil eines Astes habe ich entfernt, ein Stückchen habe ich aber in der Tischplatte gelassen. Schöne Unschönheit.

Abgesehen vom Beauftragen eines Profis zum Glätten der Bohle (siehe Infobox unten), können Sie alles selbst erledigen, wie Sie in diesem Kapitel sehen werden. Sie werden bis ans Ende aller Tage der Bohlenmeister sein, mit der Fähigkeit, glorreiche Beispiele für die Pracht der Natur zu erschaffen. Jetzt erhalten Sie die Fertigkeiten, die perfekt zu Ihrem Bart, Tattoo oder anderem Wappen der Coolness passen. (Mir stehen solche Ausstaffierungen nicht, daher halte ich es klar und einfach wie Mid-Century modern.)

Einen Profi zum Hobeln beauftragen

Blockware ist meistens breit und hat oft Defekte wie Risse und Äste und selbst die beste verzieht und verbiegt sich ein wenig beim Trocknen. Selbst wenn sie eine Abricht- oder Dickenhobelmaschine hätten – zwei große Fräsmaschinen für Holz – wäre die Bohle zu groß dafür. Man könnte Handwerkzeuge nehmen, aber das ist ein komplizierter Prozess, der nicht in den Rahmen dieses Buches passt. Also müssen Sie zu einer Tischlerei oder Schreinerei gehen, die einen breiten Bandschleifer hat. Auch hier können örtliche Profis (Tischler, Zimmerleute oder Sägewerke) Sie auf die richtige Spur bringen.

Ich habe eine Fräswerkstatt in Portland gefunden, die meine Bohle für 50 € hobeln konnte. Dazu habe ich etwas Überschuss abgesägt, damit sie kürzer ist, sie in den Wagen geworfen und einem Arbeiter in der Werkstatt übergeben. Der hat den Rest in 20 Minuten gemacht und mir eine perfekt ebene Bohle zurückgebracht, geschliffen auf etwa 100er Körnung.

Profi anheuern. Wenn Sie Ihre Bohle zu einem Profibetrieb bringen, wird sie auf so einem Bandschleifer gehobelt und geglättet. Das dauert etwa 15 Minuten und sollte nicht mehr als 50 € kosten.

Projekt Nr. 9

Ein Brett, zwei Tische

Lernen Sie, wie man eine große, naturbelassene Bohle schleift und bearbeitet, und dann können Sie eine Vielzahl an Beinen dranschrauben. Ich habe kurze, konische Rundbeine gewählt – aus Walnuss, wie meine Bohle – um einen tollen Couchtisch zu kreieren. Für das Schreibtischdesign habe ich einfach längere Hairpin-Beine genommen. Beide Beinformen sind im Mid-Century-Modern-Stil, der in fast jede Umgebung passt.

Beide Bein-Sets sind auch in verschiedenen Größen erhältlich. Mit kürzeren Hairpins und kleinerer Platte kann man einen Couchtisch oder sogar einen kleinen Hocker bauen. Dasselbe gilt für die konischen Holzbeine: Es gibt sie in verschiedenen Größen und Holzarten, passend zu der Bohle oder Platte, die Sie haben.

Apropos Platte, eine Bohle ist nicht die einzige Anwendungsmöglichkeit für Anbaubeine. Sie könnten eine Arbeitsplatte benutzen – entweder neu oder von einer alten Werkbank oder Küchenzeile. Oder Sie nehmen mehrere Bretter, wenn Sie die Fähigkeit haben, sie miteinander zu verbinden.

Fangen wir mit der Bohle an. Sobald Sie eine gekauft, geschliffen und lackiert haben, geht der Rest wie von selbst.

Walnuss ist eine gute Wahl. Dieses wundervolle Holz ist als unbesäumte Bohle in vielen Teilen Amerikas erhältlich und hat meistens eine prachtvolle Maserung.

Grosse Bretter bearbeiten

Sehen Sie jetzt, wie man jede Bohle in eine wunderschöne Tischplatte verwandelt.

1

1 Überschuss abtrennen. Zeichnen Sie eine Mittellinie ein und markieren mit einem großen Zimmermannswinkel, wo Sie die Enden abschneiden wollen. Der Winkel sorgt dafür, dass die Enden rechtwinkelig zur Tischplatte und zueinander parallel sind. Jetzt ist auch die Zeit, um Defekte abzuschneiden, die nicht in die fertige Platte sollen.

2

2 Die Sägeführung nutzen. Zusammen mit Kreissäge und Führung entstehen saubere Schnitte, sodass Sie die Enden nicht mehr groß schleifen und glätten müssen.

3 Trick für dicke Bretter. Wenn das Brett besonders dick ist, setzt der Sägemotor eventuell auf den Anschlag der Führung auf, sodass Sie das Sägeblatt nicht tief genug stellen können. In dem Fall nutzen Sie einfach die dünne Seite der Führung als Anschlag, während die Säge über das eigentliche Holz fährt. Messen Sie die Entfernung von der Kante des Sägeschuhs bis zum Sägeblatt und spannen Sie dann die Führung entsprechend weit entfernt von der Linie ein. Führen Sie dann den Schnitt wie abgebildet mit der Säge am Rand der Führung durch.

4 Von rau zu glatt. Eine breite Bandschleifmaschine (siehe Foto auf S. 106) bringt die Farben und Muster zum Vorschein, die unter der sägerauen Oberfläche waren. Noch ein paar Durchgänge und diese Seite ist fertig.

3

4

5

6

7

5 Rinde weg. Sie sind vielleicht versucht, die Rinde dranzulassen, aber sie wird letzten Endes abfallen und dann sehen die Kanten unfertig aus. Also wird sie entfernt. Nehmen Sie einen Schaber zum Abspalten und säubern die Kante mit Schleifpapier. Sie können auf dieser Seite noch ein paar Sägespuren sehen, die nach dem Glätten geblieben sind, denn das wird die Unterseite des Tischs. Ich wollte nämlich so viel Dicke wie möglich haben.

6 Toller Trick zum Kanten umformen. Wenn die Kanten Ihrer Schwarte zu scharf oder beschädigt sind, kann man sie einfach umformen. Zeichnen Sie eine Linie entlang der Maserung, neigen Ihre Stichsäge auf den gewünschten Winkel und sägen entlang der Linie.

7 Natürlich neu. Die neue Kante sieht genauso echt aus wie das Original. Ein bisschen Schleifen entfernt die Sägespuren.

Polieren und Oberfläche bearbeiten

1 Schleiftipps. Am Hirnholz müssen Sie die Brandspuren der Säge mit grobem Schleifpapier entfernen. Nehmen Sie den Schleifklotz und gehen bis zur 220er Körnungen hoch. An den gewellten Rändern legen Sie, sofern vorhanden, ein Stück flexibles Gummi zwischen das Schleifpapier und arbeiten sich zur 150er hoch. Gehen Sie auch an der Oberfläche bis zur 150er, nehmen hier aber Schleifklotz oder Exzenterschleifer. So langsam sieht das Brett schon richtig gut aus!

2 Letzter Feinschliff vor dem Ende. Brechen Sie die scharfen Kanten, damit es angenehmer für Hände und Arme wird. Zuerst machen Sie mit rauem Schleifpapier kleine Abrundungen und glätten die Kanten dann mit feinem Papier.

3 Dicke Tischlasur. Folgen Sie denselben Schritten wie beim Sperrholz-Couchtisch im letzten Kapitel, drei bis vier Schichten ölbasiertes Polyurethan und dazwischen mit 220er Körnung abschleifen. Für ein butterweiches Gefühl schleifen Sie die Kanten zwischen den Schichten mit 320er Schleifpapier. Heben Sie das Brett an, damit Sie die Kanten besser erreichen.

4 Magie. Das Polyurethan bringt die innere Schönheit zum Vorschein. Man weiß nie, was man bekommt. Den Regenbogen an großartigen Farben habe ich von Walnuss erwartet, aber diese wunderschöne geriffelte Maserung war ein toller Zusatz. Darum kauft man besser schönes Holz, anstatt billiges zu beizen. Diese natürliche Schönheit erreicht man einfach nicht.

Hairpin-Beine sind kinderleicht

Diese Beine kommen mit den passenden Schrauben. Sie müssen nur entscheiden, wo sie hin sollen, und dort Vorbohrungen machen. Ich habe mich beim Platzieren für einen 10-cm-Überhang an den Enden entschieden. Das sah so richtig aus.

1 **Mittellinie zeichnen.** Schauen Sie, wo sich die Mitte der Bohle befindet, und zeichnen dann mit Kombiwinkel und Lineal eine lange Mittellinie ein.

2 **Beine platzieren.** Markieren Sie mit dem Winkel den Endpunkt der Beinhalterung. Richten Sie dann die Beine an der Linie aus und sorgen Sie dafür, dass die Halterungen gleich weit von der Mittellinie entfernt sind. Zeichnen Sie anschließend die äußere Kante wie abgebildet nach.

3 **Bohren und eindrehen.** Halten Sie die Beinhalterungen auf ihren Markierungen und machen Vorbohrungen. Dann die Schraube eindrehen und weiter zum nächsten Loch. Sind alle Beine befestigt, ist Ihr Schreibtisch fertig!

1

2

Materialien

Hairpin-Beine zum Anschrauben
- Hairpin-Beine mit 3 Stangen, 4er-Pack, schwarz

3

1

2

3

Holzbeine brauchen eine Oberflächenbehandlung

Diese Beine und Halterungen sind zwar nicht billig, dafür aber hübsch und in verschiedenen Holzarten erhältlich. Nehmen sie eine Halterung, die unter Ihr Brett passt. Die Halterungen und Beine sind genauso leicht zu befestigen wie die Hairpin-Beine, brauchen aber wie die Tischplatte noch ein paar Schichten Lasur.

1 **Ein paar Schichten Lasur.** Beginnen Sie mit den Halterungen. Legen Sie Bretter darunter, damit Sie die Kanten besser erreichen. Dann pinseln Sie Lasur auf die Beine und schrauben Sie halb in die Halterungen, bevor Sie sie ausbessern und Tropfen entfernen. Zwischen den Schichten schleifen wie bei der Tischplatte.

2 **Einbau ist einfach.** Zeichnen Sie Orientierungslinien nahe den Enden ein wie bei den Hairpin-Beinen und sorgen dafür, dass die Halterung einen gleichmäßigen Abstand zu den Seiten hat.

3 **Halterungen sieht man kaum.** Diese Halterung hat abgeschrägte Kanten und ist dadurch schlicht und unauffällig.

Materialien

Konische Holzbeine

- Kurze Tischbeine, 40 cm, am besten mit vorinstallierten Stockschrauben
- Halterung für die Beine, z. B. Tischbeinplatten, passend zum Durchmesser der Stockschrauben

Bonusprojekt

IKEA-Beine für alles

Gehen Sie auf ikea.de und Sie werden sehen, dass dort alle Tischbeine separat erhältlich sind und man sie einfach an irgendeine Platte schrauben kann. Es gibt eine Vielzahl an Designs zur Auswahl, allesamt billiger als die, die ich bei der Schwarte verwendet habe. Meine habe ich von einem alten IKEA Schreibtisch genommen und an einer einfachen Sperrholzplatte befestigt, um einen dringend benötigten Tisch für die Veranda zu bauen.

Teile wiederverwenden. Die Beine sind von einem alten IKEA Tisch, den wir wegwerfen wollten.

Noch eine dicke Tischplatte

Diese Platte wurde wie die der Arbeitsstation in Kapitel 2 gebaut, nur habe ich dieses Mal Sperrholz genommen, mit Leim zwischen den Schichten für extra Halt. Angefangen habe ich mit zwei billigen 120 mal 120 cm Sperrholzplatten aus dem Baumarkt, habe aber drauf geachtet, dass mindestens eine davon eine gutaussehende Seite hat.

1 **Löcher für Schrauben.** Ich habe wieder Schrauben benutzt, um das Unterteil am Oberteil zu befestigen, daher brauchte ich ein Raster aus Durchgangslöchern und Senkungen. Zum Reinbohren habe ich Dämmplatten untergelegt. Die Bleistiftmarkierung zeigt, wo ich die Platte absägen wollte, also mussten da keine Schrauben hin.

2 **Eine Schicht Leim.** Anders als bei der Arbeitsstationsplatte liegt diese nicht auf einem Schrank auf, also habe ich etwas Holzleim aufgerollt, damit die Platte extra stabil wird.

3 **Schrauben als zwingen.** Ich liebe diese Methode. Indem man von unten durchschraubt, spannt man die zwei Schichten fest zusammen, während der Leim trocknet.

4 **Kürzen und fräsen.** Nach ein paar Stunden habe ich mit der Führung einen kleinen Teil jeder Kante abgesägt, damit alles gerade und eben wird. An einer Seite habe ich mehr abgeschnitten, um das gewünschte Rechteck zu bekommen. Dann habe ich die Kanten glatt geschliffen und eine Abrundung an Ober- und Unterkante gefräst mit dem gleichen Fräser wie zuvor im Buch.

5

6

7

5 Drei Schichten Lasur. Ich habe drei Schichten Bootslack verwendet, der hält Sonne und Regen besser Stand als normales Polyurethan. Wie immer habe ich zwischen den Schichten geschliffen.

6 In Sekunden Beine dran. Ich habe sie mit gleicher Entfernung zu den Kanten platziert, vorgebohrt und festgeschraubt. Einfacher geht es nicht.

7 Perfekter Verandatisch für 40 €. Ich musste nur für das Sperrholz zahlen, aber die vier Beine hätten weniger als 20 € zusätzlich gekostet, wenn ich sie kaufen müsste.

8 Schwebende Regale sind Ingenieurskunst

Ein Großteil der Freude am Bauen liegt in der Technik. Tatsächlich ist jedes Projekt eine Leistung aus Problemlösung und grundlegender Physik.

Denken Sie an die Projekte in diesem Buch. Die Outdoor-Bank verteilt Ihr Gewicht entlang der Sitzfläche nach unten durch die Stützen in den Boden und hält Ihr Gesäß so 45 cm in der Luft. Der Flaschenöffner hält auch etwas in der Luft – dieses Mal einen Haufen Metalldeckel, gehalten durch einen starken Magneten, versteckt hinter dem Holz.

Das Projekt in diesem Kapitel ist noch ein Techniktrick, und zwar einer, der Ihre Freunde wahrscheinlich noch mehr beeindrucken wird. Mit den richtigen Materialien, kombiniert auf bestimmte Art, können Sie Regale bauen, die ohne sichtbare Halterung an der Wand hängen. Wenn die Leute genau hinschauen, können sie es herausfinden. Aber die meisten werden es nicht merken – bis Sie es ihnen erklären.

Hier noch ein Tipp von einem erfahrenen Angeber: Fassen Sie sich kurz! Sie verlieren Ihr Publikum, wenn es zu langatmig wird. Die Leute sind schon begeistert – ruinieren Sie es nicht!

Schweben im Raum. Die Regale haben keine sichtbare Halterung, aber besitzen erstaunlich hohe Tragfähigkeit.

Schlicht oder bemalt. Die dünnen Sperrholzkanten sehen gut mit einer Öl-Lasur aus. Oder Sie bemalen sie, wie ich es auf der vorigen Seite gemacht habe.

Jedes Material hat seine Stärken

Was ich an diesem Projekt liebe – neben der einfachen Physik und wie sauber die Regale an der Wand aussehen – ist das Ausnutzen der spezifischen Eigenschaften von Massivholz und Sperrholz. Jedes Regal ist ein Hohlkasten, der aus dünnem Sperrholz oder MDF-Platten und ein paar Streifen Massivholz hergestellt wird. Sie sind vielleicht versucht, auch die äußeren Platten aus Massivholz zu fertigen, da es im Baumarkt auch dünne Teile zu kaufen gibt. Tun Sie das nicht.

Sie befestigen eine Leiste an der Wand, die in die Rückseite jedes hohlen Regalkastens passt, und dann geht eine Reihe von Schrauben durch die oberste Schicht in die Leiste. Wenn diese Schrauben durch ein dünnes Stück Massivholz gehen, wird sich das Holz entlang der Maserung spalten und die Figuren Ihrer Schleich®- Sammlung würden zu Boden fallen. Aber Sperrholz und MDF sind anders. Sie sind in alle Richtungen stark, was genau das ist, was Sie für diese dünnen Platten brauchen.

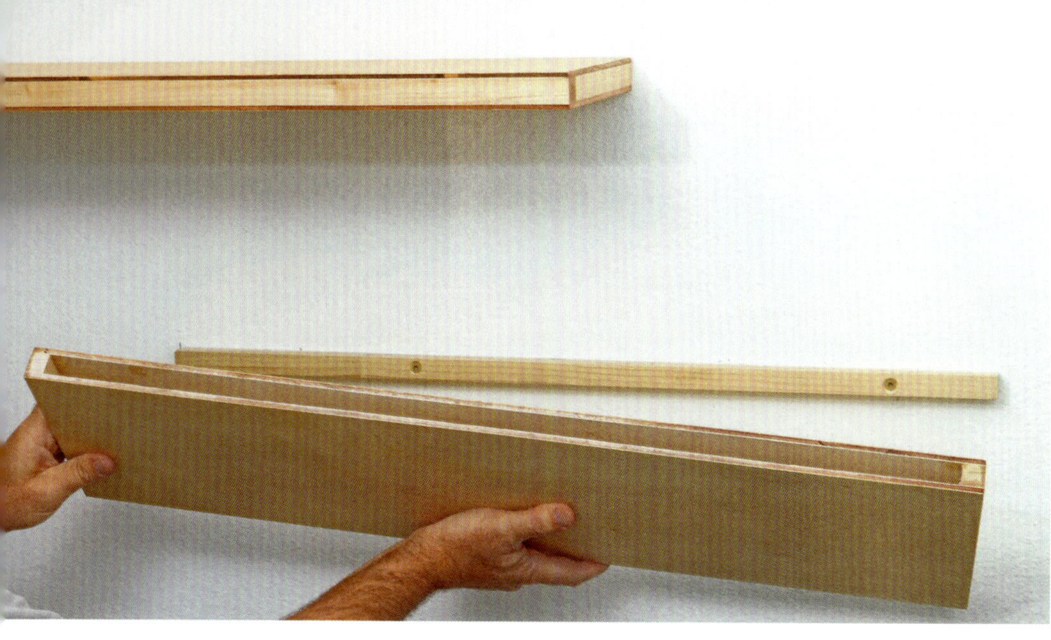

Torsionskasten. Das Geheimnis ist der hohle Kasten … und die Massivholzleiste an der Wand.

Cool ist auch, wie stark so eine dünnwandige Box sein kann. Die Box wird sich definitiv biegen, wenn man sie zusammendrückt, aber versuchen Sie mal, sie entlang ihrer Länge oder Breite auseinander zu ziehen. Es geht nicht. Das ist das gleiche Prinzip wie beim Flugzeugbau zur Herstellung dünnwandiger, federleichter Bauteile, die sich mit dem Hammer leicht eindellen, aber nicht auseinanderziehen lassen. So haben die Gebrüder Wright einen Apparat aus Holz und Tuch fliegen lassen. Heute ist das Tuch aus hochwertigem Aluminium und das Holz ist eine Wabe aus noch exotischeren Metallen.

Wir brauchen etwas Kraft an den Rändern unserer Regale, um die Platten zusammenzuhalten und kleine Streifen aus Massivholz sind genau das Richtige. Zusammen mit etwas gelbem Leim und festem gleichmäßigen Druck bilden diese Streifen einen Kasten, der so stark ist wie ein Flugzeugflügel. Für die Nerds da draußen: sowas nennt man Torsionskasten.

Ein Urinstinkt

Sachen bauen bedeutet, die Kräfte des Universums zu bändigen. Sie können spüren, wie sie durch Stichsäge, Bohrer oder Handsäge fließen. Um zu lernen, wie man diese Kräfte beherrscht, muss man lernen mit der Natur zu kooperieren; lernen wie man seine Vorhaben mit der Welt um sich herum in Einklang bringt.

Sie sind nicht der erste Mensch, der diese Macht spürt. Bauen und Erschaffen ist ein Instinkt, der so alt ist wie unsere Spezies selbst. Wenn Sie ihn nähren, berühren Sie etwas tief in Ihrer DNA, ausgelesen durch Millionen Jahre an Evolution und Überlebenskampf. Diese schwebenden Regale sind nicht viel anders als die Arbeit mit Rinde, Stämmen, Häuten und Steinen, die wir damals ausführten. Wir lieben es, Technikprobleme zu lösen, weil es tief in unserer Erinnerung liegt.

Wenn Sie mir nicht ganz folgen können, ist das okay. Diese schwebenden Regale können Sie trotzdem genießen. Die sind cool.

Projekt Nr. 10

Schwebende Regale

Wie Sie auf den Fotos sehen können, kann man die Regale dick oder dünn machen, bemalt oder naturbelassen. Zuerst habe ich gedacht, dass Öl allein schlecht aussehen würde, weil die Kanten des Sperrholzes durchkommen würden. Aber die dünnen Sperrholzstreifen sahen letzten Endes wie eine gestreifte Umrandung aus und dabei gar nicht schlecht. So kam die Holzoptik zustande.

Aber so ein Haufen Regale macht sich auch gut mit einem hellen Anstrich in einer abgefahrenen Farbe, z. B. mit normaler Acryl- oder Kaseinfarbe. Um die größeren Regale für das Zimmer meiner Tochter zu bauen, habe ich dickere MDF-Platten oben und unten genommen. MDF nimmt Farbe gut auf, aber würde nur mit Öl allein nicht so toll aussehen.

Für die dickeren MDF-Regale habe ich auch einen breiteren Streifen für die Wandleiste genommen. Dadurch kann ich die Schrauben, die durch die hintere Kante gehen, weiter weg von der Wand setzten, was mehr MDF übrig lässt, damit die Schrauben unter Last nicht rausreißen.

Was die Massivholzstreifen in der Mitte angeht, die können Sie in allen Größen im Baumarkt kaufen. Ich habe sowohl quadratische als auch rechteckige Streifen genutzt und habe darauf geachtet, dass sie die gleiche Dicke haben. Statt Kiefer habe ich Pappel genommen, da dieses Holz etwas härter ist und Schrauben fester hält.

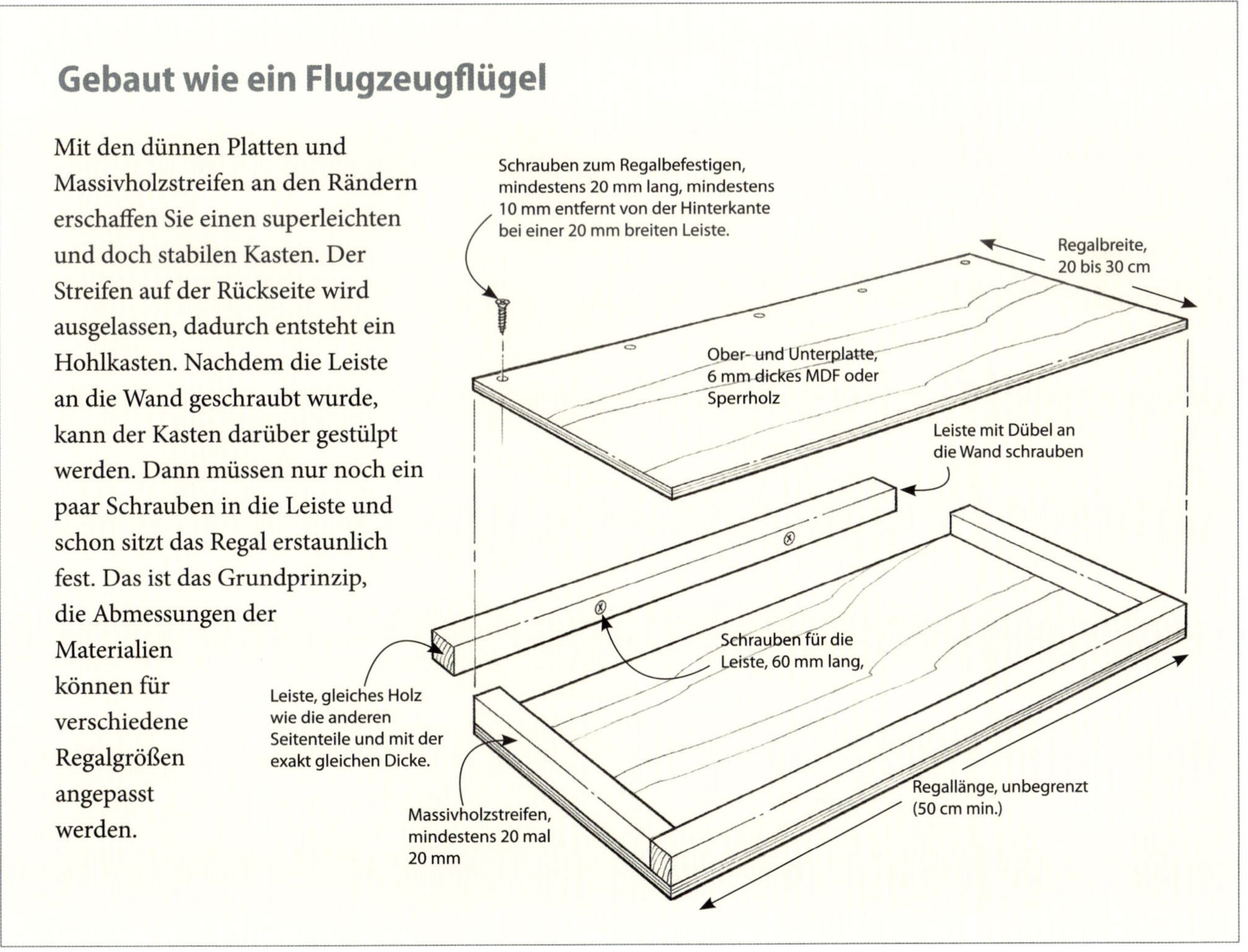

Gebaut wie ein Flugzeugflügel

Mit den dünnen Platten und Massivholzstreifen an den Rändern erschaffen Sie einen superleichten und doch stabilen Kasten. Der Streifen auf der Rückseite wird ausgelassen, dadurch entsteht ein Hohlkasten. Nachdem die Leiste an die Wand geschraubt wurde, kann der Kasten darüber gestülpt werden. Dann müssen nur noch ein paar Schrauben in die Leiste und schon sitzt das Regal erstaunlich fest. Das ist das Grundprinzip, die Abmessungen der Materialien können für verschiedene Regalgrößen angepasst werden.

Materialien zuschneiden

1 **Sperrholz zuerst.** Nutzen Sie die Sägeführung aus Kapitel 2, um das dünne Sperrholz (oder MDF) auf die richtige Breite zu schneiden. Legen Sie für einen sicheren Schnitt Dämmplatten unter. Dann stapeln Sie die Teile und schneiden die Länge auf der Kappsäge zu. Achten Sie darauf, dass alle Teile vor dem Sägen fest gegen den hinteren Anschlag gedrückt werden.

2 **Massivholz prüfen.** Legen Sie Ihre Holzstreifen hin, um die Seiten zu finden, welche die gleiche Dicke haben (das variiert oft), und markieren diese mit einem Haken. Dann mit der Kappsäge auf Länge schneiden.

Die Front zuerst montieren

Beginnen Sie damit, die vorderen Streifen zwischen die Sperrholzschichten zu kleben. Wie ich bereits beim Verleimen der Outdoor-Bank gezeigt habe, braucht Leim ein paar Sachen, um gut zu arbeiten: Nehmen Sie genug Leim, verteilen ihn gleichmäßig und üben festen gleichmäßigen Druck aus.

1 **Drahtstift Trick.** Damit die Holzteile nicht herumrutschen, wenn ich sie zwischen das Sperrholz klemme, habe ich kleine 13 mm Drahtstifte eingetrieben und dann die Köpfe mit einem Drahtschneider entfernt, der an meiner Flachspitzzange dran ist. Machen Sie dasselbe auf der anderen Seite der Streifen. Legen Sie dafür die Nägel an der Rückseite auf etwas Weiches.

2 **Lange Streifen drauf.** Schmieren Sie ordentlich Leim darauf und verteilen ihn entlang der Verbindung. Richten Sie den langen Holzstreifen vorsichtig aus und drücken die unteren Drahtstifte in das Sperrholz rein.

3 **Das Sandwich vollenden.** Jetzt verteilen Sie mehr Leim auf der Oberseite des Streifens und fügen das obere Sperrholzteil hinzu. Richten Sie es vorsichtig aus und drücken es dabei auf die gestutzten Drahtstifte.

4 **Eine Menge Zwingen.** Selbst mit Druckleisten, habe ich eine Menge Zwingen verwendet und versucht, weniger als 10 cm Abstand zwischen ihnen zu lassen.

2

3

4

Leisten verteilen den Druck

Egal wie viele Zwingen Sie haben, wann immer Sie ein langes Stück dünnes Material einspannen, brauchen Sie etwas Stabiles, das den Druck verteilt und die ganze Verbindung überall gleich stark macht.

Ein paar extra Streifen reichen. Um den Klemmdruck zu verteilen, habe ich ein paar zusätzliche Massivholzstreifen genommen.

Seitliche Streifen dazu und Leiste kürzen

1 Seitliche Streifen schneiden. Markieren Sie die Länge, indem Sie die Streifen an ihrem Platz stecken und dann an der Linie sägen.

2 Einfach einkleben. Die kurzen seitlichen Streifen rutschen nicht herum, wenn sie eingespannt werden, also brauchen sie keine Drahtstifte. Einfach etwas Leim verteilen, den Streifen an seinen Platz stecken und von unten anfangen die Zwingen anzubringen. Platzieren Sie die Zwingen enger aneinander als vorher, dann brauchen Sie keine Druckleiste.

3 Letzter Streifen. Wiederholen Sie das ganze am anderen Ende des Kastens und fügen so den letzten seitlichen Streifen hinzu.

4 Leiste auf Maß. Nehmen Sie noch einen Streifen und stecken ihn in den Hohlraum an der Rückseite des Kastens, um seine Länge zu markieren. Ein bisschen kürzer ist gut.

Besserer Leimpinsel

Zum Verteilen von Leim nehme ich gerne Lötpinsel. Mein Möbelbaukollege Michael Fortune hat mir beigebracht, wie man diese Pinsel noch besser macht.

Hämmern und kürzen. Hämmern Sie den Teil, der die Borsten hält, so fallen weniger davon in den Leim. Dann kürzen Sie die langen Borsten, damit der Pinsel steifer und effektiver wird.

Regal kürzen und lackieren

1 **Vorderkante des Kastens kürzen.** An diesem Punkt haben Sie wahrscheinlich einen Versatz an den Kanten, sowie Leim der rausgequetscht wurde, aber man kann einfach einen Hauch abtrennen und so die Seiten ausbessern. Nehmen Sie die Sägeführung, um die Vorderkante des Kastens zu trimmen (und die Hinterkante, wenn nötig). Hierbei musste ich ein zweites Regal als Unterlage für die Führung nehmen.

2 **Auch die Enden kürzen.** Hier könnte man auch die Sägeführung nutzen, aber mit der Kappsäge geht es einfacher.

3 **Glattschleifen.** Die letzte Vorbereitung für Lasur oder Farbe ist das Entfernen der Sägespuren an den Kanten, dabei arbeiten Sie sich mit dem Schleifklotz von 120er zu 220er Körnung hoch und machen dann noch mit 150er Schleifpapier eine schöne, leichte Fase an den Ecken.

4 **Lackierung auswählen.** Ich bin ein Wagnis mit der Öl-Lasur eingegangen und sogar die freiliegenden Kanten des Sperrholzes sahen gut aus. Sie können die Regale aber auch farbig lackieren.

1

2

3

4

Zeit zum Einbauen

Die Regale lassen sich ganz einfach an die Wand hängen. Das Wichtigste ist, dass Sie Dübel benutzen, die Leisten horizontal anbringen und gleichmäßig verteilen, damit eine schöne Anordnung entsteht.

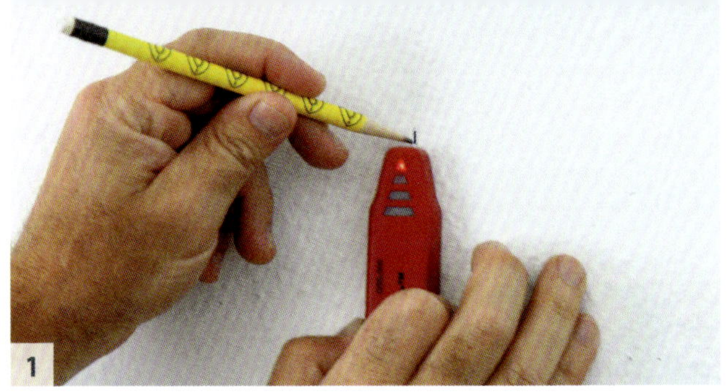

1

1 **Leitungssucher.** Mit einem Leitungssucher können Sie überprüfen, ob sich Rohre oder Stromleitungen hinter der Wand befinden. Solange Sie nicht zu nah an Lichtschalter oder Steckdose gehen, sollten Sie keine Probleme bekommen, aber überprüfen schadet nicht. Markieren Sie die Stellen, wo die Löcher hinsollen.

2

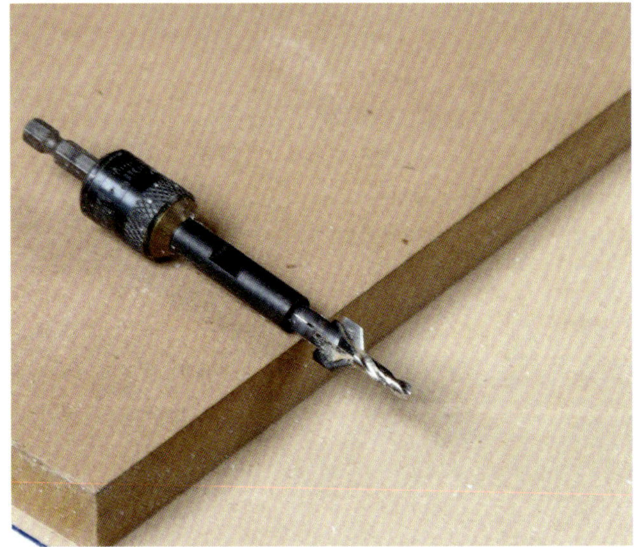

2 **Durchgangslöcher bohren.** Bohren Sie Durchgangslöcher durch die Leisten (aber nicht weiter), um die großen Schrauben durchzulassen. Ich habe ein Kombi-Bit mit Senker verwendet.

3 **Leiste horizontal anbringen.** Drehen Sie eine 60 mm Schraube in eines der Durchgangslöcher an der gewünschten Position. Dann legen Sie eine Wasserwaage auf die Leiste und drehen die nächste Schraube ein. Falls eine Leitung hinter der Wand ist, können Sie die Schraube rechts oder links daneben setzten.

3

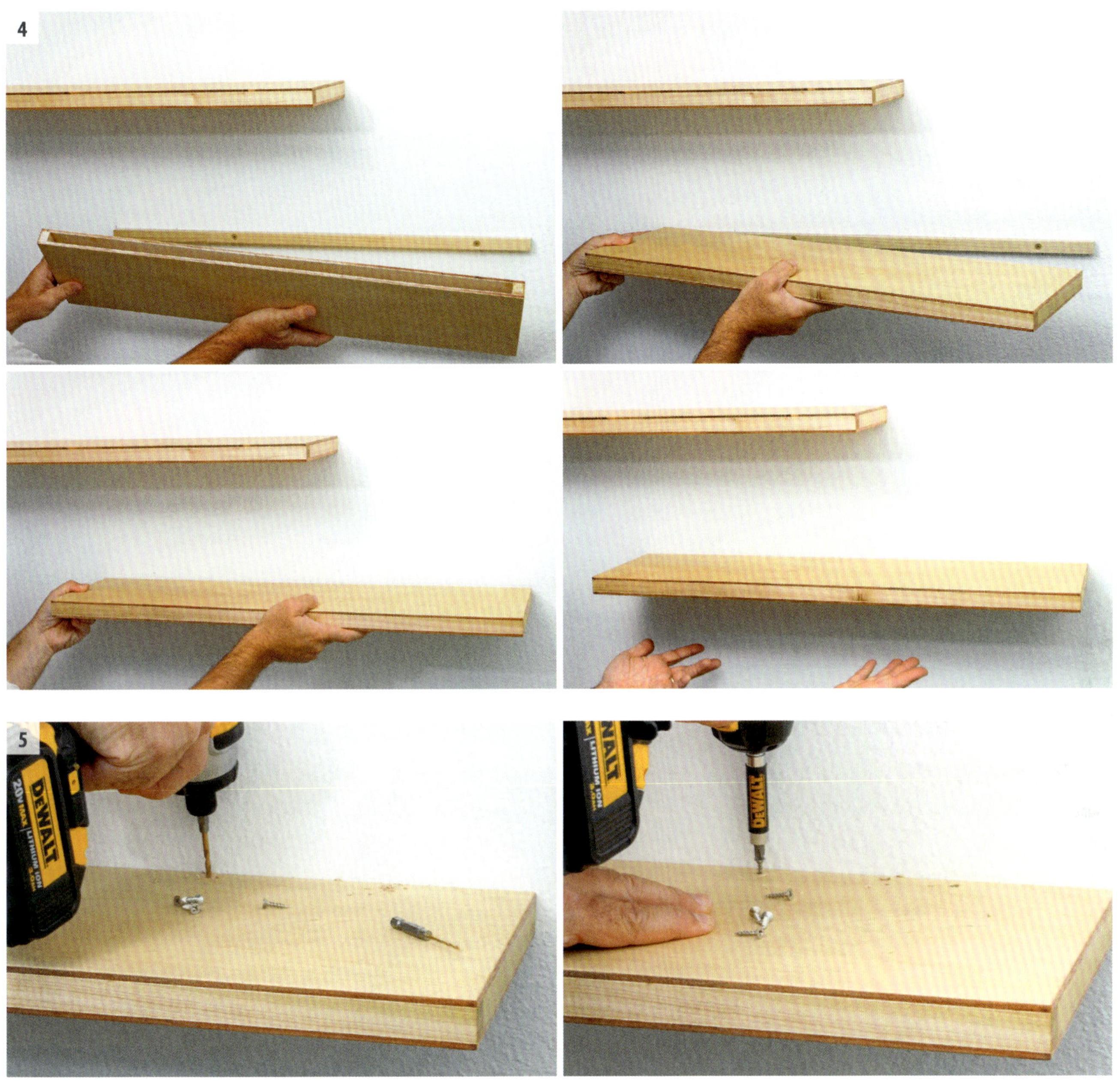

4 Freies Schweben. Das hohle Regal sitzt stabil auf der Leiste und bleibt schon hängen, bevor Sie die erste Schraube eingesetzt haben.

5 Versteckte Schrauben halten es fest. Drücken Sie das Regal fest gegen die Wand und bohren Durchgangslöcher, allerdings nur durch die Sperrholzschicht und nicht weiter. Dann machen Sie kleinere Vorbohrungen in die Holzleiste und sorgen dafür, dass die Schrauben bündig mit der Oberfläche sind. Ein flüchtiger Beobachter wird sie nie bemerken.

9 Lass dein Licht leuchten

Wenn sie nie probieren, eine Lampe oder Leuchte zu bauen, dann verpassen Sie etwas. Es gibt ganze Webseiten, die die benötigten Sachen anbieten: Kabel, Stecker, Steckdosen, LED und noch viel mehr. Auch der Baumarkt bietet eine Auswahl an verschiedenen Leuchtmitteln. Und den Leuchtkörper können Sie aus allem Möglichen machen, aus alten Flaschen oder unserem Freund aus einem früheren Kapitel: Klempnerrohr.

Aber das Thema dieses Buches ist Holz, also nehmen wir es auch für die Lampe in diesem Kapitel. Das ist keine Einschränkung. Holz, super dünn geschnitten, ist ein großartiges Material für Lampenschirme. Wir nutzen dünne, vorgeschnittene Holzfurnierstreifen, um den Lamellenschirm dieser Lampe zu kreieren, zudem machen wir uns auch die einzigartigen Eigenschaften von Sperrholz zunutze.

Ohne Sperrholz hätte ich gar nicht den inneren Rahmen bauen können. Der Grund ist, dass Sperrholz aus Lagen besteht – dünne Holzschichten mit Maserungen, die in verschiedene Richtungen verlaufen. Dieser Aufbau macht Sperrholz stark in alle Richtungen.

Warmes Licht. Das Licht scheint durch das dünne Holzfurnier und betont so die Maserung und ihre Handwerksfertigkeiten gleichermaßen. Mit der stufigen Rahmenkonstruktion können Sie Lampen in allen Formen und Größen bauen.

Vorgeschnittenes Furnier. Dünne, 5 cm breite Furnierstreifen sind das perfekte Material für die Lamellenringe der Lampe.

Massivholz hingegen hat eine Maserung, die nur in eine Richtung verläuft, den Baum rauf und runter. Darum ist es entlang der Länge stabiler als quer zur Maserung. Übrigens, so schaffen es auch „Karatemeister" Bretter mit der Hand zu zerbrechen. Schauen Sie genau hin und Sie werden sehen, dass die Bretter so geschnitten sind, dass die Maserung in die kurze Richtung verläuft. Jeder Zehnjährige mit Wutanfall könnte dieses kräftige Holz zerbrechen.

Würden Sie den inneren Rahmen aus Massivholz machen, hätten einige der schmaleren Bereiche die falsche Maserungsrichtung und wären bruchanfällig. Sperrholz dagegen meistert die Ecken, ohne ins Schwitzen zu kommen. Übrigens, ich würde MDF für die inneren Teile vermeiden. Es ist in schmalen Bereichen nicht so stark wie Sperrholz. Außerdem ist es etwas schwerer.

Ein neues Material zum Ausprobieren

Das andere Material, das diese Lampe möglich macht, ist Holzfurnier, in diesem Fall Kirsche. Sie könnten jedes Hartholzfurnier nehmen (Weichhölzer wie Fichte sind möglicherweise zu fragil), aber Kirsche ist perfekt. Es ist von Natur aus hübsch und leuchtet schön, wenn Licht durchscheint.

Viele Leute denken, dass Kirsche eine dunkelrote Farbe hat, aber das kommt daher, dass Fabrikmöbelhersteller falsche „Kirsche" erzeugen, indem sie billigeres Holz beizen. Aber dieses Furnier ist echt: ein leichtes cremiges braun mit einem Hauch Rot. Eine Schicht Öl bringt es zum Leben.

Indem ich eine Rolle vorgeschnittene 5 cm breite Streifen gekauft habe (auch Kantenumleimer genannt, da man damit Sperrholzkanten überklebt), konnte ich es vermeiden, lange perfekte Streifen aus einem großen Bogen zu schneiden. Sie können aber auch selber Streifen schneiden, falls Sie nichts Vorgeschnittenes finden. Das geht mit Maßstab und scharfem Universalmesser. Wenn Sie das tun, kleben Sie Schleifpapier unter den Maßstab, damit er nicht verrutscht, während Sie mehrere leichte Durchgänge mit dem Messer machen.

Viele Kantenumleimer, die man online findet, haben Kleber zum Aufbügeln dran. Sowas würde ich für dieses Projekt vermeiden. Kleber macht das Furnier wahrscheinlich weniger lichtdurchlässig und könnte schmelzen, wenn die Glühbirne heiß wird.

Vielen Dank an Chris Becksvoort und Fine Woodworking

Der Ursprung dieses Designs liegt im schöpferischen Hirn eines legendären Kunsthandwerkers aus dem ländlichen Maine. Christian H. Becksvoort ist nicht nur der führende Maßanfertiger für authentische Shaker-Möbel, er entwirft außerdem auch moderne Stücke ähnlich wie dieses. In meinem früheren Leben als Redakteur des Fine Woodworking Magazins habe ich Becksvoorts Version einer Hängelampe veröffentlicht und sie in meinen Hirnwindungen als Projekt für später verstaut.

Als ich Projekte für dieses Buch ausgewählt habe, kam mir Chris' Lampe ins Gedächtnis, aber sie einfach kopieren wollte ich nicht. Zuerst mal hat er Bandsäge und Drechselmaschine benutzt, zwei Holzbaumaschinen, die nicht zum Umfang dieses Buches passen. Aber eine direkte Kopie wäre sowieso langweilig. Also habe ich seine Kreation neugestaltet, die Konstruktion vereinfacht und seine elegante Zwiebelform in ein breites V verwandelt.
Dann habe ich einen Anruf von Küste zu Küste getätigt, um sicherzugehen, dass mein alter Freund nichts dagegen hat, ein bisschen seiner hart erkämpften Inspiration zu teilen. Er mochte die Mission des Buches und gab ein schnelles Ja. Er ist ein wirklich feiner Kerl, wie die meisten Holzwerker.

Übrigens können Sie uns beide kurzzeitig in einer Folge der Comedyserie Parks and Recreation mit dem Titel „Ron und Diane" sehen, dank unseres gemeinsamen Freundes Nick Offerman, der uns damals für ein paar Momente in die Sendung geschrieben hatte. Von wegen 15 Minuten des Ruhmes – es waren eher 5 Sekunden[1]. Komischerweise hat Hollywood weder Chris noch mich je wieder herbeigerufen, wogegen Nick ständig arbeitet.

Danken möchte ich auch dem Fine Woodworking Magazin, das seit mehr als 40 Jahren die Arbeit von brillanten Holzwerkern wie Chris Becksvoort dokumentiert.

Die Kraft des Unterbewusstseins

Zurück zu meinen Hirnwindungen. Als ich Becksvoorts Design vereinfacht habe, damit man es mit den grundlegenden Werkzeugen aus diesem Buch bauen könnte, habe ich mit einer Skizze angefangen, jeden Schritt durchdacht, bin mit einigen der Probleme im Kopf schlafen gegangen – und am nächsten oder übernächsten Morgen mit der Lösung aufgewacht.

Es ist erstaunlich, wie Ihr Unterbewusstsein weiterhin Probleme löst, während Ihr bewusstes Denken mit anderen Dingen beschäftigt ist. Neuere Hirnstudien beweisen, dass das stimmt. Tatsächlich ist der Schlüssel zur Lösung oft Abstand von einem Problem zu nehmen. Vergessen Sie Ihr Problem, legen das Smartphone weg, machen einen langen Spaziergang oder fahren eine Runde mit dem Fahrrad, gehen schlafen und lassen Ihr Unterbewusstsein übernehmen. Es gibt tiefe Regionen im Hirn, die Ihrem Frontallappen den Rang ablaufen.

Als Elias Howe 1840 damit kämpfte, die mechanische Nähmaschine zu perfektionieren, hat er eine Nacht über das Problem geschlafen und einen merkwürdigen Traum

1 Parks and Recreation, eine Comedy-Serie über ein kalifornisches Grünflächenamt, läuft auch in Deutschland bei verschiedenen Sendern und ist auch digital zu beziehen. Die genannte Folge gehört zur 5. Staffel. Näheres unter www.fernsehserien.de

gehabt. Darin bedrohten ihn Kannibalen mit langen Speeren, die alle ein Loch in der Spitze hatten. Howe hatte die Nadel gefunden, die er brauchte.

Natürlich musste Howe seine seltsame Idee ausprobieren, um sicher zu sein, dass sie auch funktionierte. Und das musste auch ich mit meinem Lampendesign. Als ich mit dem Sägen der Sperrholzform anfing, die Spielzeugräder einkerbte und die Teile zusammenschraubte musste ich einiges an Problemlösung betreiben. Aber schon bald hatte ich einen funktionierenden Prototyp, gebaut mit den gleichen grundlegenden Werkzeugen, die wir schon die ganze Zeit nutzen.

Eine Sache, die ich mit diesem Buch vermitteln will, ist, dass es nicht immer auf die Werkzeuge ankommt, die Sie besitzen. Erfolg und Spaß entsteht, wenn man kreativ ist mit dem, was man hat.

Die Kraft der Stichsäge

Die Stichsäge wird von vielen Holzwerkern übersehen, die gleich zu einer Bandsäge springen, die 400 € oder mehr kostet. Aber die bescheidene Stichsäge kann großartige Dinge leisten. Bewaffnet mit einem langen Sägeblatt für Hartholz, hat sie wunderbar gerade Schnitte durch das 6 mm dicke Sperrholz gemacht, sodass die Furnierringe ebene Auflageflächen hatten. In den Holzrädern hat sie auch an den Seiten der Kerben für perfekte kleine Schnitte gesorgt. Aber dann hatte ich ein Problem: Wie entferne ich die Reste aus der Mitte der Kerbe?

Der Möbelbauer in mir wusste, dass ich die Kerben mit geschicktem Beitelhandwerk vollenden könnte, aber ich bewahre Handhobel, Beitel und das benötigte vorsichtige Schärfen für einen späteren Abschnitt der Reise auf. Nach etwas Überlegen hatte ich einen „oh, natürlich"-Moment und erkannte, dass ich einfach ein möglichst schmales Sägeblatt in die Stichsäge einsetzten kann und kleine Kurvenschnitte in den Kerben mache, die die Reste entfernen und eine glatte Unterseite hinterlassen.

Mein Backup-Plan wäre ein neues Werkzeug gewesen, die preiswerte und doch praktische Laubsäge, aber die bewahre ich auch für später auf. Viele Wege führen zur Lampe. Apropos, wenn sie zufällig schon eine Bandsäge besitzen, ist es damit noch einfacher, die Rahmenteile zu sägen und Kerben in die Holzräder zu machen.

UNTERSCHÄTZTER MITSPIELER. Ausgestattet mit verbesserten Sägeblättern für besonders sauberes Sägen, macht die erschwingliche Stichsäge beeindruckend glatte Schnitte, egal ob gerade oder kurvig. Dabei kommt sie an das Niveau einer teuren Bandsäge heran. Vermeiden Sie nur seitlichen Druck, durch den verbiegt sich das Sägeblatt und macht schiefe Schnitte.

Projekt Nr. 11

Hängelampe mit Furnierschirm

Bewaffnet mit dem hier gezeigten Ansatz, können Sie Lampen in allen Formen und Größen bauen. Und mit all dem Lampenzubehör, welches u.a. online angeboten wird, können Sie jedes dieser Hängelampendesigns in eine Tischlampe verwandeln. Der Kern der Konstruktion besteht aus zwei Holzrädern, die zum Spielzeugbau gedacht sind. Die bekommen Einkerbungen, die vier identische Sperrholzrahmen verankern. Diese wiederum halten eine Reihe an Furnierstreifen, die die Außenseite umranden. Jedes Haus braucht ein Fundament und die Räder waren der Schlüssel. Diese haben sogar vorgebohrte Achsenlöcher, perfekt um die Kabel durchzuführen.

Materialien

- 12 mm Sperrholz, 60 mal 120 cm
- Holzfurnier Kantenumleimer, 50 mm breit, ohne Kleber, mindestens 10 m lang (ich habe meinen bei eBay bekommen)
- Spielzeugräder aus Holz, flach, 20 mm dick mit 60 mm Durchmesser
- Schnellbauschrauben, 30 mm lang
- 4 m Lampenkabel mit Kippschalter
- Lampenfassung
- LED-Birne, 60 Watt entsprechend, rundumleuchtend (LED-Birnen werden nicht so warm, was besser im Holzrahmen ist)

Sperrholzrahmen und Furnierringe

Der Rahmen besteht aus vier identischen Teilen, oben und unten in Holzräder gesteckt. Die sind auch identisch. Dann machen Sie große Ringe aus den Furnierstreifen und kleben diese auf den Rahmen. Das Kabel geht durch ein Loch im oberen Rad und die Birne hängt einfach in der Mitte des Rahmens.

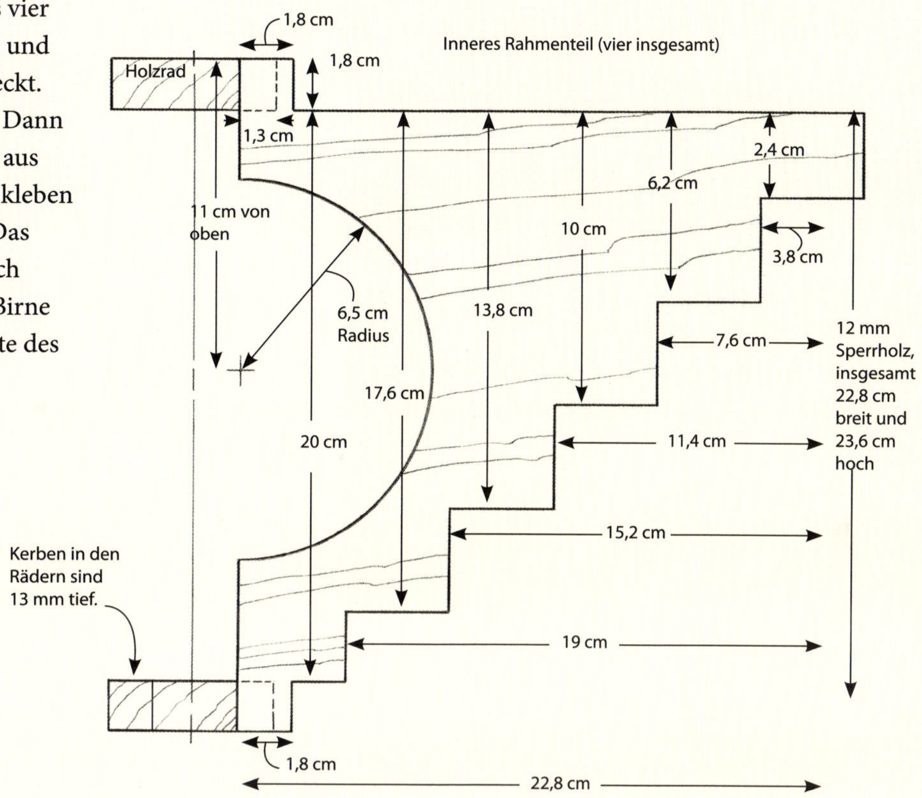

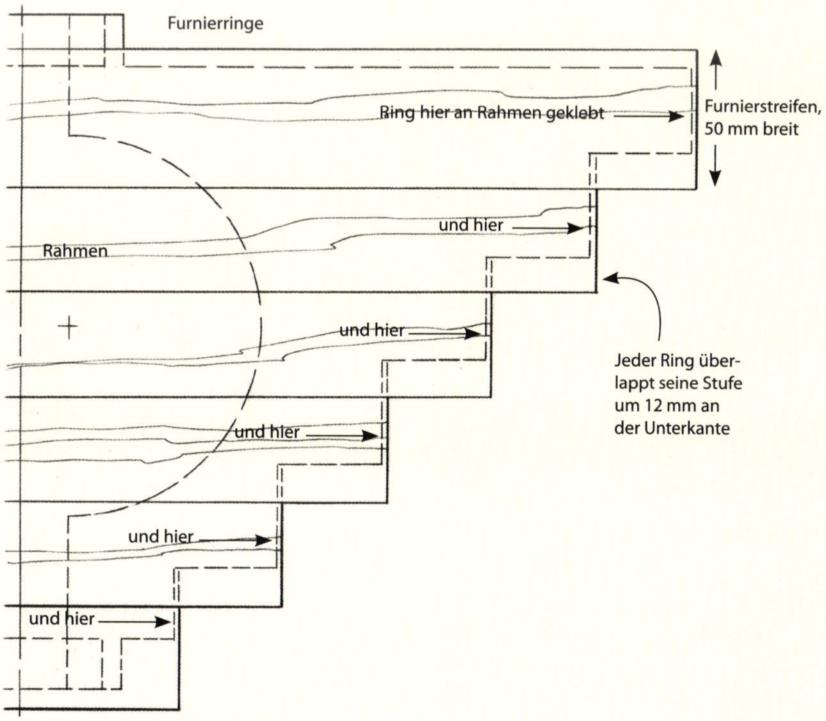

1

Rahmenteile zuschneiden und anzeichnen

Nachdem Sie Sperrholzquadrate für die vier Rahmenteile gesägt haben, müssen Sie die Stufen so präzise wie möglich anzeichnen, also legen Sie etwas Musik auf, schärfen den Bleistift und starten durch.

1 **Sperrholz zuschneiden.** Jedes der vier identischen Sperrholzrahmenteile fängt als Rechteck an. Nutzen Sie die Sägeführung aus den vorigen Kapiteln, um Ihre große Sperrholzplatte in die benötigte Form zu zersägen.

2 **Die Stufen markieren.** Ihr Kombiwinkel ist hierfür das perfekte Werkzeug. Um eine Linie parallel zu einer Kante zu machen, verschieben Sie einfach Bleistift und Winkel gleichzeitig. Um zwei Seiten einer Stufe auf einmal zu markieren, nutzen Sie sowohl das Ende als auch den Rand des Lineals.

3 **Bögen anzeichnen.** Diese machen die Rahmen leichter und schaffen Platz für die Glühbirne. Markieren Sie den Mittelpunkt so nahe am Rand wie möglich und zeichnen dann den Bogen mit einem Zirkel ein.

2

3

Glatte Schnitte mit der Stichsäge

Nutzen Sie das sauber schneidende Stichsägeblatt vom Flaschenöffner-Projekt und bleiben auf der richtigen Seite der Linie!

1 **Stufen sägen.** Machen Sie erst alle Schnitte in eine Richtung, bevor Sie den Winkel wechseln und den Ausschnitt vollenden.

2 **Jetzt die Kreise.** Schneiden Sie die Halbkreise aus. Die müssen zwar nicht perfekt sein, aber es zu probieren macht trotzdem Spaß.

3 **Flach und eben.** Sie können gerne alle Oberflächen schleifen, aber die wichtigsten sind die kleinen Flächen, auf denen die Furnierstreifen angeklebt werden. Um ganz in die Ecke der Stufe zu kommen, legen Sie das Schleifpapier direkt an den Rand des Klotzes. Dann den Klotz hin und her bewegen, um sicher zu gehen, dass er vor Beginn des Schleifens gerade auf der Fläche sitzt. Es muss nicht perfekt sein; einfach nur ein wenig abflachen.

Holzzwinge als Schraubstock nutzen

Kaufen Sie ein paar dieser variablen Holzzwingen. Sie werden es nicht bereuen. Hier eine Möglichkeit, wie sie Probleme lösen.

Die Zwinge zwingen. Mit ihrer Schraubzwinge befestigen Sie die Holzzwinge an einer Oberfläche.

Sofort-Schraubstock. Die Holzzwinge hält Werkstücke jetzt in vertikaler Position für behutsame Handarbeit.

1

2

Holzräder als Fundament

Spielzeugräder aus Holz sind die perfekten Anker für Ober- und Unterseite der vier Rahmen, aber nur wenn Sie diese sorgfältig einkerben.

3

1 **Mittellinien zeichnen.** Halbieren Sie nach Augenmaß jedes Rad in der Mitte mit dem Achsenloch als Anhaltspunkt und zeichnen eine zweite Mittellinie im rechten Winkel dazu. Wenn die gekreuzten Linien rechtwinkelig und mittig aussehen, sind sie es auch. Falls nicht, Anpassungen vornehmen.

2 **Jetzt zum Boden der Kerben.** Stellen Sie ihren Winkel auf 13 mm ein und nutzen das Ende des Lineals, um den Boden der Einkerbung zu markieren.

3 **Das Sperrholz zum markieren nutzen.** Das ist einfacher und genauer als Messen. Markieren Sie eine Mittellinie auf einem kleinen Teil des Rahmensperrholzes und nutzen sie diese, um das Sperrholz mittig auf dem Rad auszurichten, während Sie die Seiten der Kerbe einzeichnen.

Bleistift mit Schleifpapier schärfen

Wenn das Anzeichnen ganz genau werden soll, muss Ihr Bleistift sehr spitz sein. Anstatt immer wieder zum Anspitzer zu greifen, machen Sie es wie die Bauzeichner früher und schärfen die Spitze, indem Sie sie mehrmals über den Schleifklotz wischen.

Spitzmeißel. Mit Schleifklotz und feinem Schleifpapier bekommen Sie einen super spitzen Keil an der Spitze. Schnell und idiotensicher.

4

5

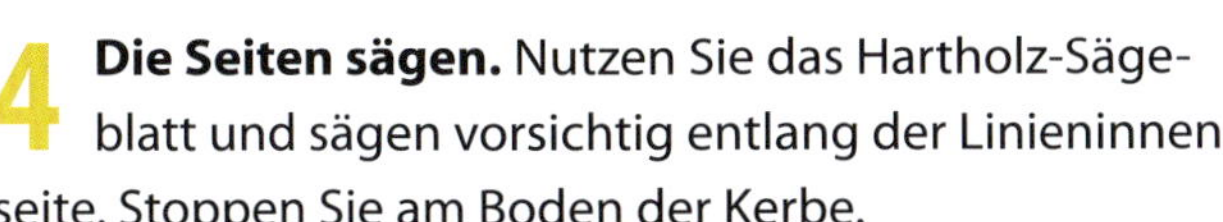

4 Die Seiten sägen. Nutzen Sie das Hartholz-Sägeblatt und sägen vorsichtig entlang der Linieninnenseite. Stoppen Sie am Boden der Kerbe.

5 Blatt tauschen. Um das überschüssige Holz zu entfernen, wechseln Sie auf ein schmales Sägeblatt, das enge Kurven schneiden kann.

6 Enge Kurve. Starten Sie im vorhandenen Sägeschnitt und biegen um die Ecke, wenn sie zum Boden kommen. Dann gehen Sie entlang der Linie zur gegenüberliegenden Ecke.

7 Fläche vollenden. Drehen Sie die Säge herum und starten mit dem Blatt in der flachen Ecke, die Sie gerade gemacht haben. Sägen Sie zur gegenüberliegenden Ecke, um den Boden der Kerbe zu vollenden.

6

7

Rundes mit der Holzzwinge halten

Um die kurvigen Schnitte in den Kerben zu machen (Schritt 6), dürfen keine Zwingen im Weg sein. Zum Greifen der Seiten habe ich wie abgebildet, einen Einschnitt in die Zwinge gemacht. Man kann sie danach immer noch für andere Aufgaben verwenden.

Tiefe Kerben. Zeichnen Sie diese mit Bleistift ein und sägen dann. Versuchen Sie zumindest 2 cm Holz im dünnsten Bereich zu lassen, damit die Spitzen der Klemmbacken nicht abbrechen.

Guter Griff. Das ist eine Lektion darin, zu nutzen, was man hat.

Rahmenteile schrauben und kleben

Wenn die Einkerbungen fertig sind, können Sie die Rahmenteile in die Holzräder kleben und so den Lampenrahmen fertigstellen. Schrauben geben zusätzliche Stärke und halten die Teile zusammen, während der Leim trocknet.

1 **Durchgangslöcher bohren.** Am abgestuften Ende des Rahmens kann man leicht bohren (ganz links). Am dicken Ende ist allerdings nicht viel Platz. Also müssen Sie eventuell eine mittige Vertiefung mit einem Nagel machen (Mitte), sodass Sie mit einem leichten Winkel bohren können (links).

2 **Vorbohrung in zwei Schritten.** Stecken Sie den Rahmenfuß in seine Kerbe und gehen mit dem Bohrer durch das Loch, um eine Vertiefung in die Kerbe zu machen. Dann nehmen Sie die Teile auseinander und vollenden die Vorbohrung am Boden der Kerbe. Das machen Sie an allen Verbindungen bei beiden Holzrädern.

3 **Ihre Teile markieren.** Sie wissen, welche Löcher miteinander fluchten, also markieren Sie jedes Teil mit dem gleichen Buchstaben, damit Sie später das passende finden.

4 **Enger Fuss? Schleifen.** Wenn eine der Kerben zu eng für seinen Fuß ist, ist es am einfachsten, die Seiten des Fußes abzuschleifen, bis er gemütlich rein rutscht.

5 **Ein Ende trocken anbringen.** Wenn Sie die Teile endgültig zusammenkleben, ist es beim Ausrichten des Rads hilfreich, wenn ein Ende schon an Ort und Stelle ist.

6 **Jetzt richtig kleben.** Mit einem Ende temporär montiert können Sie jetzt Leim am anderen Ende anbringen, zuerst an den Seiten der Füße und dann in den Kerben.

7 **Festspannen und schrauben.** Nehmen Sie eine Zwinge, um alle Verbindungen zu schließen. Achten Sie darauf, dass die Füße dabei bündig mit der Radoberfläche sind. Dann drehen Sie zum Fixieren 30 mm lange Schrauben ein.

5

6

7

8

9

8 **Letzte Seite.** Drehen Sie die Schrauben am anderen Ende raus, entfernen das Holzrad, tragen Leim an den Verbindungen auf und machen die Schrauben wieder rein, um den Lampenrahmen zu vervollständigen.

9 **Noch ein bisschen schleifen.** Die Unterseite der Lampe ist sichtbar, also schleifen Sie Bleistiftmarkierungen und getrockneten Leim weg.

Leim in einer Schale

Anstatt den Leim direkt aus der Tube aufs Werkstück zu pressen, wo er tropfen kann, ist es meistens einfacher, ein bisschen in einen Deckel oder anderes Wegwerfobjekt zu geben und den Leimpinsel dort einzutauchen.

Der Schüsseltrick. Nehmen Sie einen Deckel als Leimbehälter. Dann können Sie den Pinsel eintauchen, ein wenig Leim aufnehmen und kontrolliert auftragen.

Schulmathe zahlt sich aus

Sie sind vielleicht versucht, die Furnierstreifen um den Rahmen zu wickeln und den jeweiligen Trennpunkt zu markieren, aber das kriegen Sie nur schwierig hin. Das ist ein Fall, wo Mathe tatsächlich besser ist. Indem man entlang der Stufen misst und mit Pi (3,1416) multipliziert, bekommt man den genauen Umfang für jeden Ring und sichert so einen perfekten Sitz auf dem Rahmen. Addieren Sie noch 10 mm als kleinen Überhang zum Kleben und Sie haben den perfekten Streifen für jeden Ring.

1 **Entlang der Stufen messen.** Auf jeder Stufe des Rahmens messen Sie von einem Ende bis zum anderen, um den Durchmesser der Ringe zu erhalten.

2 **Ausrechnen.** Sie müssen ein bisschen Mathe machen, aber so schwer ist es nicht. Nehmen Sie die Länge in Zentimetern (oder in Metern bzw. Millimetern, Hauptsache es ist einheitlich) und multiplizieren mit Pi (3,1416). Dann addieren Sie 1 Zentimeter für den Überhang und Sie haben die Länge des Streifens. Hier ein Beispiel:

Ø in m	in cm	mal 3,1416 (Pi)	1 cm addieren
0,266 m	26,6 cm	90,9 cm	91,9 cm

3 **Ein Ende rechtwinkelig.** Die Furnierstreifen kommen wahrscheinlich in einer langen Rolle. Mit einem Geodreieck und einem Universalmesser mit frischer Klinge machen Sie das Ende rechtwinklig. Drücken Sie das Geodreieck fest auf, legen die Klinge eng ans Dreieck und gehen mehrmals leicht mit dem Messer darüber für einen sauberen Schnitt.

4 **Messen und schneiden.** Zeichnen Sie die jeweilige Länge des Streifens ein und machen dann einen sauberen rechtwinkligen Schnitt an der Markierung. So schneiden Sie alle Streifen.

5 **Den Überhang markieren.** Alle Streifen sind einen Zentimeter zu lang, also können sie so weit überlappen, dann kommt ein bisschen Leim dazu und ein Ring wird geformt. Zeichnen Sie 1 cm von einem der Enden entfernt eine rechtwinklige Bleistiftmarkierung ein.

2

1

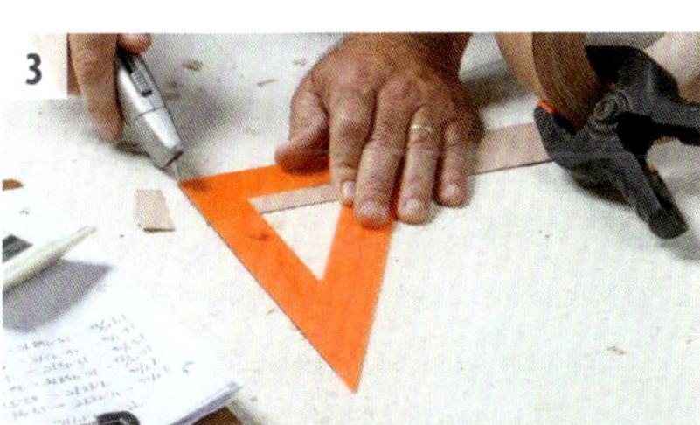
3

4

5

Wie man Herr der Ringe wird

Hier ein paar Tricks, damit die Furnierstreifen zu perfekten Ringen werden.

1

1 Verbindung ausrichten und kleben. Pinseln Sie Leim auf die Überhangfläche. Bleiben Sie dabei innerhalb der Bleistiftmarkierung. Dann rollen Sie den Streifen ein, richten das Blockende mit der Überhanglinie aus und halten ihn dort, während der Leim klebrig wird.

Klemmblöcke mit Klebeband

In Fällen wie diesen verteilen kleine Blöcke den Zwingendruck für festen Halt. Damit man einfacher mit ihnen arbeiten kann, werden sie an der Klemmbacke oder am Werkstück befestigt, wo es gerade am besten passt.

An der Zwinge. Ein Block kann auf den fixierten Kopf der Schraubzwinge. Blaues Malerband hält gut und lässt sich hinterher leicht entfernen.

Am Werkstück. Der andere Block kommt auf das Furnier selbst. Tun Sie ihn auf das Ende gegenüber von dort, wo Sie den Überhang markiert haben, aber auf derselben Seite, wo die Bleistiftmarkierung ist. Positionieren Sie den Block kurz vor das Ende des Streifens, damit Sie sehen können, wo es hin muss.

2 **Vorsichtig einspannen.** Jetzt wird die Zwinge angebracht, bei der ein Block ans entfernte Ende geklebt wurde. Überprüfen Sie an der Bleistiftlinie, ob die Verbindung richtig sitzt und sich nichts verschoben hat. Falls doch, justieren Sie den Überhang.

3 **Letzter Ring.** Machen Sie dasselbe mit den restlichen Ringen bis zum Kleinsten hin. Lassen Sie jeden mindestens eine Stunde trocknen und testen am Rahmen, wie sie zusammen aussehen. Falls ein Ring nicht passt, schneiden Sie einen neuen Streifen ab und beginnen von vorne.

4 **Leichtes ausbessern.** Um einen kleinen Versatz auszubessern, schleifen Sie die Kanten. Schleifen Sie, zum Entfernen von überschüssigem Leim und rauen Kanten auch den kleinen Überhang.

5 **Glatte Lasur.** Eine Schicht Öl macht die Ringe dunkler und bringt die Schönheit des Holzes zum Vorschein. Ich habe Tungöl verwendet. Reichlich auftragen und dann überschüssiges wegwischen.

2

3

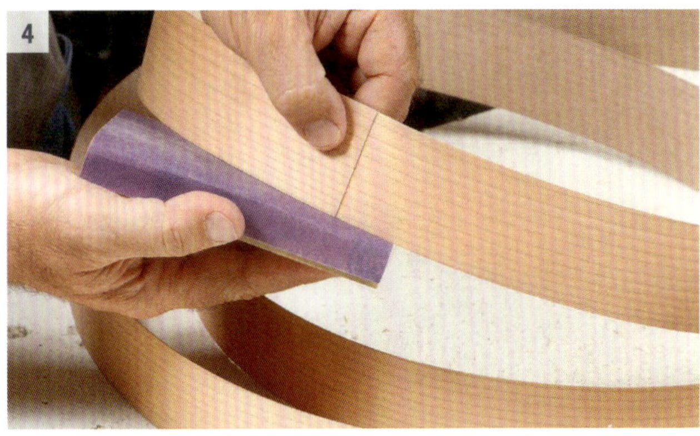
4

5

Verkabeln

Es ist einfacher, die Verkabelung durchzuführen, bevor die Ringe angebracht werden. Fangen Sie damit an, die dreiteilige Fassung auseinander zu nehmen. Das geht ganz einfach. (Und achten Sie natürlich darauf, dass nichts angeschlossen ist, bevor Sie fertig sind.)

1 **Zuerst das Kabel einfädeln.** Ziehen Sie zuallererst das Kabel durch das obere Rad und dann durch das Unterteil der Fassung, bevor Sie die Drähte anschließen.

2 **Jetzt die Fassung zusammenbauen.** Die Drähte werden in die Kontakte geschraubt. Dann stecken Sie die Teile ineinander. Zum Schluss befestigen Sie den Boden der Fassung.

3 **Ein Knoten bewältigt den Druck.** Ziehen Sie die Fassung herunter, damit Sie genug Kabel für einen Knoten haben. Der Knoten kommt so nah wie möglich an die Fassung. Wenn Sie die Lampe aufhängen, drückt der Knoten gegen das obere Rad und trägt das Gewicht.

Die Ringe nacheinander ankleben

Kleben Sie Klebeblöcke an, wenn Sie können, und platzieren Sie die Zwingen so, dass Sie Druck an der benötigten Stelle bekommen. Achten Sie beim Befestigen der Ringe darauf, dass sie nicht verdreht sind oder ungerade sitzen. Und nutzen Sie einen Leim, der ihnen mehr offene Zeit gibt, bevor er zu klebrig wird.

1 Leim auftragen. Tragen Sie eine großzügige Menge auf jedes Rahmenende auf, aber nur für den Ring, den Sie gerade anbringen. Verleimen Sie die anderen Stufen erst, wenn Sie deren Ringe anbringen.

2 Der Erste ist knifflig. Der größte Ring sitzt auf dem äußeren Teil des Rahmens ohne Stufe als Anhaltspunkt. Also machen Sie langsam und messen nach, um sicherzugehen, dass der Ring an allen Seiten 12 mm über den Rahmen hinausragt (der Rahmen ist verkehrt herum, also wird das hinterher die untere Kante des Rings).

3 Alle vier Punkte einspannen. Es sollte möglich sein, eine zweite Schraubzwinge unter die erste zu manövrieren, dabei können Sie aber eventuell keine Blöcke benutzen. Das ist okay. Es wird nicht so viel Druck auf die Ringe ausgeübt und die Verbindungen werden stark genug sein.

4 Egal wie. Der Ring war ein bisschen verrutscht, aber etwas Klebeband an den Ecken, wo Ring auf Rahmen trifft, hat alles an seinem Platz gehalten, während ich die Zwingen angebracht habe. Hier braucht es nicht viel Druck und zu viel könnte zudem den Rahmen verbiegen, sodass Zwingen und Ring seitlich wegrutschen.

5 Der Rest ist einfacher. Die Ringe sitzen auf ihren Stufen, wodurch sie beim Einspannen gerade bleiben.

6 Ein paar Tricks. Damit sich die Zwingen nicht neigen und die Ringe zerdrücken, legen Sie eine Behelfsstütze ins Innere. Sobald Sie die mittleren Ringe anbringen, können Sie kürzere Zwingen benutzen, um die Innenseite des Rahmens zu greifen.

7 Gelandet. Der letzte Ring rutscht drauf. Noch ein bisschen Leim, ein paar Zwingen und Sie sind bereit für die Erleuchtung.

8 Coole Birne. Nehmen Sie eine rundum strahlende LED-Birne für diese Lampe. Diese leuchten in alle Richtungen. LED sind viel kälter als normale Glühbirnen (sogar kälter als Kompaktleuchtstofflampen). Hier habe ich eine 11 Watt LED genommen, die etwa einer 60 Watt Glühbirne entspricht, also eher ein Akzentlicht. Man könnte aber auch eine hellere Birne über einem Tisch nehmen.

4

5

6

7

8

9

9 Aufhängen. Fixieren Sie einen Haken dort, wo die Lampe hin soll und knoten das Kabel herum. Installieren Sie noch einen Deckenhaken nahe der Wand, um das Kabel an die Steckdose zu führen. Ich habe ein Kabel mit Kippschalter genommen, aber man könnte auch ein ungeschaltetes Kabel mit einer geschalteten Steckdose verwenden, oder Sie könnten die Lampe an der Decke fest verdrahten, sodass gar kein Kabel herunterhängt. (Wenn Sie sich nicht wohl dabei fühlen, selber zu verdrahten, engagieren Sie einen Elektriker für die letztere Option.)

10 Ein wandelbarer Tisch

Wie ich bereits in einem früheren Kapitel erwähnte: Wenn Sie etwas bauen wollen, ist es inspirierend und nützlich in die Designgeschichte einzutauchen. Man muss kein Kunst-Snob sein, um tolle Ideen zu finden, die einem das Brett vorm Kopf wegnehmen. Das habe ich erlebt, als ich auf die Bauhaus-Bewegung gestoßen bin.

Das Bauhaus war eine echte Schule, nicht bloß eine Denkschule, gegründet 1919 in Deutschland von dem Architekten Walter Gropius, der die bildende Kunst mit dem Handwerk wiedervereinen und so Seele und Schönheit zurück in Möbelbau und Architektur bringen wollte. Die Bauhaus-Ideen waren zu ihrer Zeit revolutionär. Traditionalisten wollten nicht, dass die bildende Kunst funktional gemacht wird. Für sie war es eine Senkung des Niveaus, aber für das Bauhaus bedeutete es Kunst ins echte Leben zu bringen.

Was mir an der Bewegung so gefällt, sind die klaren Linien, das freie Experimentieren mit Materialien und Ideen und dem Fakt, dass Form immer der Funktion folgt. Für Bauhaus-Designer ist ein funktionales Objekt von sich aus schön. Die amerikanischen Shaker dachten genauso. Suchen Sie mal nach Shaker-Möbeln für eine handgemachte Version eleganter Schlichtheit.

Ein niedriger Tisch oder ein hoher Hocker. Dieser hat mit 55 cm Tischhöhe. Für einen bequemeren Hocker können Sie ihn etwas kürzer machen, etwa 45 cm.

Ulmer Hocker als Design-Ikone

Bevor wir das erste Kapitel ihrer Holzwerkerreise abschließen, wollte ich noch ein einfaches, aber stilvolles und traditionelles Möbelstück einbringen. Der wandelbare Tisch dieses Kapitels basiert auf dem Ulmer Hocker, entworfen 1955 von Max Bill. Bill kam direkt aus der Bauhaus-Bewegung und sein überfunktionaler Hocker ist eine Ikone des Bauhaus-Designs.

Ein Freund hat mir erzählt, dass seine Universität solche Hocker in den Wohnheimen verteilt hat, denn man konnte sie hochgestellt als niedrigen Tisch oder Sitz nutzen, oder seitlich hingelegt als Bücherregal. Warum auch nicht die Studenten mit einem inspirierenden Beispiel für funktionales Design ausstatten?

Ich habe den Ulmer Hocker als Inspiration genommen, ihn aber modifiziert, teils damit die Werkzeuge und Techniken aus diesem Buch passen, aber auch einfach aus Spaß. Es ist nichts schlimm daran, Klassiker zu kopieren, aber ich möchte Sie ermutigen, Ihre eigenen Entwürfe zu machen.

In diesem Fall habe ich die Fingerzinken an den Ecken durch simplere Dübelverbindungen ausgetauscht. Wenn Sie bereit sind, sich an Fingerzinken zu probieren, ob per Hand oder mit Maschine, machen Sie es. Schwalbenschwanzverbindungen würden auch gut aussehen.
Ich habe zudem drei Rundstäbe verwendet, anstatt nur einen wie beim Vorbild. Abschließend habe ich die Abmessungen etwas abgeändert, damit die Breite zu den 30-cm-Kiefer-Leimholzplatten aus dem Baumarkt passt, und ich habe das Teil insgesamt länger als den originalen Ulmer Hocker gemacht, sodass er aufrecht besser als Tisch und seitlich besser als Bücherregal funktioniert. Mit einer Größe von 55 cm ist er ein bisschen hoch für einen Hocker. Wenn Sie also die volle Dreifach-Funktionalität haben wollen, mache Sie die Seiten einfach 45 cm lang oder noch kürzer. Es liegt ganz bei Ihnen.

Wandelbar. Drehen Sie den Tisch auf die Seite und nutzen ihn als Stauraum. Stapeln Sie so viele wie Sie wollen. Bauen Sie Ihre Welt.

Dübel sind eine unterschätzte Verbindung

Bis jetzt haben wir größtenteils Schrauben und Leim zum Verbinden genommen, also wird es jetzt Zeit für etwas traditionelles Tischlerhandwerk. Der schlechte Einsatz in massengefertigten Möbeln hat dem Dübel einen schlechten Ruf gegeben, aber ordentlich gemacht gibt es kaum schnellere und stärkere Wege, um Holzstücke zu verbinden.

Um perfekt ausgerichtete Löcher in den zwei gepaarten Teilen zu bekommen, brauchen Sie eine Art Bohrschablone. Genauer gesagt eine Dübelschablone. Die sind Kinderleicht zu benutzen, aber super genau und fangen bei etwa 20 € an. Zum Teil sind Bohrer und Tiefenanschlag gleich mit dabei. Mit so einer Schablone könnten Sie ein ganzes Möbelhaus füllen. Die 10-mm-Größe ist am

Simpel aber effektiv. Eine Dübelschablone ist einfach zu benutzen, sehr genau und gar nicht so teuer. Dieses 10-mm-Modell hat 20 € gekostet, inklusive Bohrer und Tiefenanschlag. Passende Dübel bekommen Sie für ein paar Euro.

besten, da diese Dübel klein genug sind und so in 18 mm dickes Standardholz passen, aber dennoch stark genug, um stabile Verbindungen zu schaffen.

Neben der Schablone brauchen Sie noch Dübel. Die kann man tütenweise in der Eisenwarenhandlung oder im Baumarkt kaufen. Falls Sie mal Dübel in anderen Längen brauchen, kann man auch Rundstäbe mit dem entsprechenden Durchmesser kaufen und auf die benötigte Größe schneiden. Bei diesem Projekt empfehle ich aber fertige Dübel. Die haben abgefaste Enden, damit sie einfach reingehen. Zudem sie sind geriffelt, wodurch Luft und überschüssiger Leim beim Reindrücken austreten können. Die Riffelungen sorgen auch für mehr Halt.

So eine Schablone ist kompakt, lässt sich einfach an Bleistiftmarkierungen auf dem Holz ausrichten und kann mit fast jeder Holzwerkerzwinge an seinem Platz gehalten werden. Danach setzten Sie den passenden Bohrer in Ihren Akkuschrauber ein, gehen langsam und gleichmäßig vor und haben in Sekunden ein perfektes Loch. Die Schablone wird dann an der passenden Markierung am Gegenstück ausgerichtet, das Loch wird gebohrt und schon haben Sie eine Verbindung.

Noch eine Vorrichtung, diesmal für runde Zapfen

Die Dübelverbindungen waren kein Problem, die große Herausforderung bei diesem Design war herauszufinden, wie man Zapfen an die drei 25-mm-Holzrundstäbe bekommt. Zapfen ist das traditionelle Wort für einen Holzfinger, der durch ein Loch in einem anderen Holzstück, genannt Zapfenloch, gesteckt wird.

Allgemein ist ein Zapfen etwas schmaler als der Rest des Holzstücks, was eine Kante erzeugt, wo der Zapfen anfängt. Und genau das brauchte ich hier. Wenn Sie ein Loch bohren, das genauso groß wie der Rundstab ist, und den Stab einfach in die Seite stecken würden, gäbe es nichts was die Seitenteile davor bewahrt unter Last nach innen zu rutschen.

Ich brauchte einen richtigen Zapfen mit rechtwinkliger Kante, die gegen die Seitenteile drückt und sie am Bewegen hindert. Was das Ziehen nach außen angeht, hatte ich einen einfachen Plan: einen Keil in die Enden treiben (siehe unten).

Um Zapfen an runden Teilen zu machen, würde ein Möbelbauer das Werkstück normalerweise in eine Drehbank einsetzten und so den Zapfen drechseln und gleichzeitig die Kante formen. Eine weitere Alternative ist der Standard Zapfenschneider von Veritas, den Sie auf feinewerkzeuge.de bekommen und der einfach an einem Bohrer befestigt wird. Diese Optionen funktionieren gut, sind aber etwas kostspielig. Also habe ich weiter überlegt.

Drechseln ohne Drehbank. Indem Sie eine kleine Oberfräse unter einen improvisierten Tisch schrauben, können Sie Zapfen an den Enden der Rundstäbe machen.

Zapfen mit Keil. Das kriegen Sie hin. Altes Tischlerhandwerk: simpel und effektiv.

Derartige Probleme bei der Arbeit mit Holz sind nie einzigartig. Mit anderen Worten: jemand hatte schon mal die gleiche Herausforderung vor sich. Darum sind Rubriken wie „Tipps & Tricks“ in Holzwerken-Zeitschriften so beliebt. Jeder liebt diese Werkstattweisheiten in Häppchenform. Und einer dieser Tipps fiel mir in meiner Notlage wieder ein.

Indem man mit der Kappsäge ein tiefes V in ein dickes Holzstück sägt und seine Oberfräse unter einem improvisierten Tisch befestigt, kann man eine Art Drehbank erschaffen. Ein Schaftfräser ragt oben heraus und der Rundstab kommt in den V-Block. Wenn Sie den Fräser genug erhöhen und den Stab per Hand drehen, während Sie über den Fräser fahren, bildet sich ein perfekter Zapfen am Ende. Keine Drechselbank, kein Problem.

Einen Keil noch dazu

Wo wir schon bei traditionellen Verbindungen sind, können wir noch einen Klassiker hinzufügen. Indem Sie vor dem Einsetzen einen Schlitz in die Enden der Zapfen sägen, können Sie einen Holzkeil in das Ende hämmern, nachdem es montiert wurde, und so alles auf ewig festhalten. Das bedeutet auch, dass Ihr Zapfen nicht perfekt ins Loch passen muss. Das Verkeilen drückt die Spitze auseinander und füllt jegliche Lücken auf.

Sobald Sie die überstehenden Zapfen sowie Keile abgesägt und glatt geschliffen haben, wirkt es so, als ob Sie wirklich wüssten was Sie tun. Und das stimmt auch. Seien Sie stolz.

Bei den alten Holzwerkern musste man mit rudimentären Werkzeugen schnell arbeiten und Keile waren die perfekte Technologie, um etwaige Ungenauigkeiten zu beseitigen. Wie ich schon sagte, Holzwerker lösen seit Jahrhunderten die gleichen Probleme. Was ich nicht erwähnt habe, war, dass es sich großartig anfühlt, in ihre Fußstapfen zu treten.

Fehler akzeptieren

Eine Sache, die man immer macht, sind Fehler. Als mein 10-mm-Bohrer das umliegende Holz herausgebrochen hat, habe ich ruhig durchgeatmet und eine einfache Lösung gefunden, mit Leim und Sägemehl.

Übrigens, Kiefer ist weich und ein wenig instabil, daher das Bohrproblem; Ich habe erkannt, dass ich den Standardbohrer, der bei der Dübelschablone dabei war, gegen einen Holzspiralbohrer der gleichen Größe hätte auswechseln sollen. Beim nächsten Mal.

Die wichtige Lektion hier ist, gelassen zu bleiben, Fehler passieren zu lassen und zu lernen, dass jeder eine wertvolle Lektion enthält, die Sie nicht so schnell vergessen.

Als ich damals beim Fine Woodworking Magazin angefangen habe, war ich echt nervös bei der Vorstellung, vor erfahrenen Redakteuren mit Holz zu hantieren. Aber der weise Art-Director Mike Pekovich bot mir eine Philosophie an, die ich bis heute verfolge. Er empfahl mir, dass ich meine Fehler akzeptiere und jedes neue Projekt als Momentaufnahme meiner Reise sehe, eine Art persönliche Historie.

Jeder Holzwerker startet bei null, irgendwas misslingt immer. Fehler zu begehen heißt, dass Sie neues ausprobieren – und lernen. Auf jeden Fall sollten Sie sich daran gewöhnen. Irren ist menschlich, hat mal wer gesagt.

Projekt Nr. 12

Wandelbarer Tisch

Diese Mischung aus Tisch, Hocker und Bücherregal ist simpel und sparsam, gebaut aus einer einzelnen breiten Kieferplatte, einer Reihe 10 mm Dübeln an jeder Ecke und ein paar Rundstäben in der Mitte. Alle Verbindungen sind sichtbar, stellen also Ihr handwerkliches Geschick zur Schau und fügen einen dekorativen Touch hinzu.

Materialien

Für einen Tisch

- Leimholzplatte aus Kiefer, 18 mm dick, 30 cm breit, 180 cm lang (meistens in 200 cm erhältlich)
- Rundstab aus Kiefer, 25 mm Durchmesser, 12 cm Länge
- Geriffelte Holzdübel, 10 mm Durchmesser

Grundaufbau

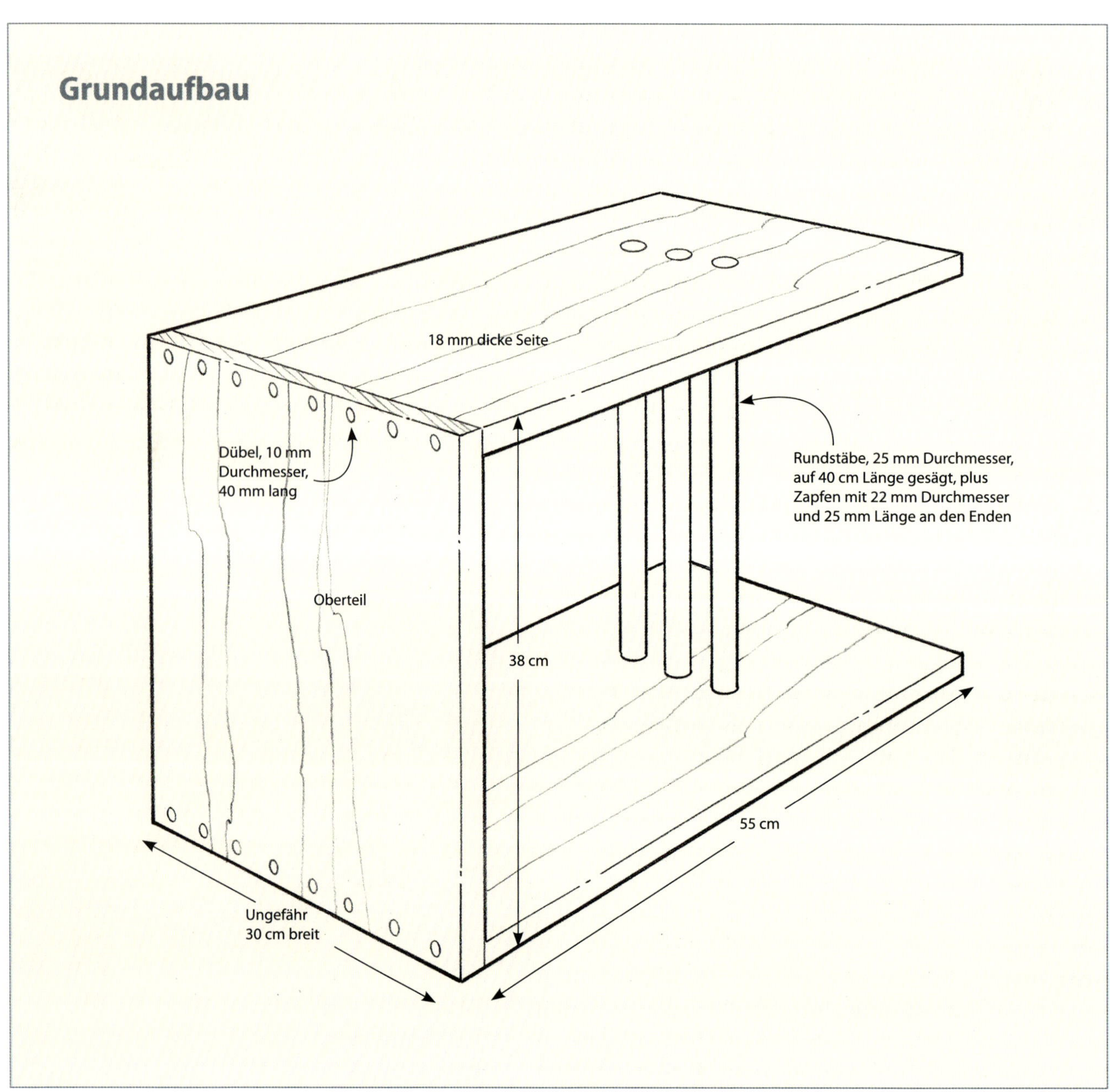

Grosse Kieferplatte sägen

Sie können beide Seiten und das Oberteil aus einer vorbearbeiteten Kieferplatte machen, erhältlich im Baumarkt, Sägewerk oder beim Holzfachhändler.

1 **In Reihe anzeichnen.** Damit die Maserung an den Ecken besser übereinstimmt, zeichnen Sie, wie abgebildet, erst ein Seitenteil ein, dann die Oberseite und danach das zweite Seitenteil. Dann werden die Kanten markiert, damit Sie wissen, wie die Teile später zusammengehören.

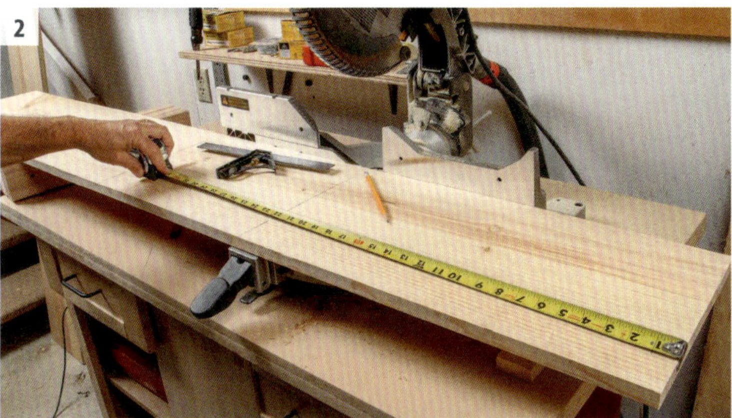

2 **Das erste Stück sägen.** Schauen Sie nach, ob Ihre Markierung noch stimmt und nutzen dann den Drehtrick (siehe Seite gegenüber), um die erste Seite des Tisches zu sägen. Beachten Sie, dass das Sägeblatt dieses Mal links von der Linie sein sollte!

3 **Die restlichen Stücke schneiden.** Ihre Originalmarkierung funktioniert beim ersten Teil, aber durch das vom Sägeblatt entfernte Material werden die nächsten Markierungen nicht mehr korrekt sein. Messen Sie noch einmal und machen neue Markierungen für die letzten zwei Teile.

Drehtrick für breite Bretter

Es wird Bretter geben, die zu breit für Ihre Kappsäge sind, um sie in einem Durchgang zu sägen. Dieser Trick hilft Ihnen dabei, den kompletten Schnitt an Werkstücken zu machen, die ein paar Zentimeter zu breit sind.

1 **So weit es geht.** Hier schneide ich das raue Ende weg, damit ich einen sauberen rechtwinkligen Anfang habe. Die Säge gleichmäßig senken und das Blatt ausdrehen lassen, bevor Sie es hochziehen.

2 **Drehen und Schlitz finden.** Drehen Sie das Brett um und lassen einen Sägezahn in den gerade gesägten Schlitz eintauchen. Achten Sie vor allem auf die Seite, die Sie behalten wollen, nicht die Überschussseite des Schlitzes.

3 **Noch ein Schnitt.** Jetzt sägen Sie den Rest. Auch hier lassen Sie das Blatt ausdrehen, bevor Sie es anheben.

4 **Der Fühltest.** Es könnte eine leichte Stufe zwischen den Schnitten geben. Man kann sie mit den Fingern erspüren. Falls sie zu groß ist, können Sie einen ganz leichten Schnitt machen, um sie zu entfernen. Drehen Sie das Brett dabei so, wie Sie es brauchen.

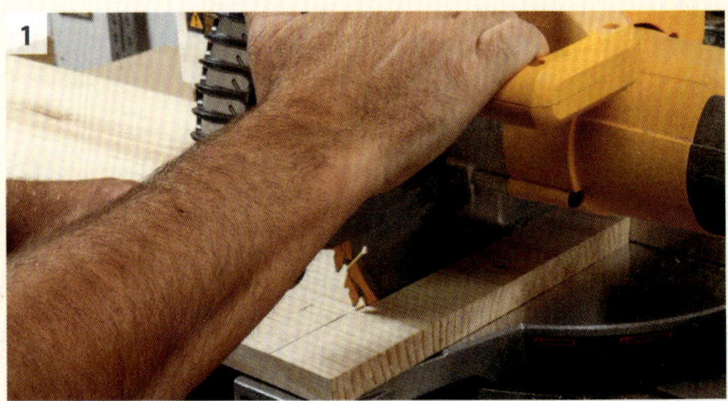

1

2

3

4

Dübelverbindungen anzeichnen

Damit die Dübelschablone funktioniert, brauchen Sie nur kleine Bleistiftmarkierungen. Zeichnen Sie die Abstände am Tischoberteil ein und übertragen diese auf die zwei Seitenteile.

1 **Abstandstrick.** Wenn die Breite der Platte ein Zwischenmaß ist, können Sie das Lineal anwinkeln. Diese Platte ist nicht ganz 30 cm breit, aber mit dem Winkel kann ich das ganze Lineal benutzen, um die Abstände einfacher einzuteilen. Mit dem Kombiwinkel bringen Sie die Markierungen zur Kante.

2 **Auf die anderen Teile übertragen.** Mit der vermessenen Oberseite können Sie die Seitenteile dranlegen und die Markierungen übertragen, damit Sie passende Löcher für die jeweiligen Verbindungen bohren können.

Dübelabstand

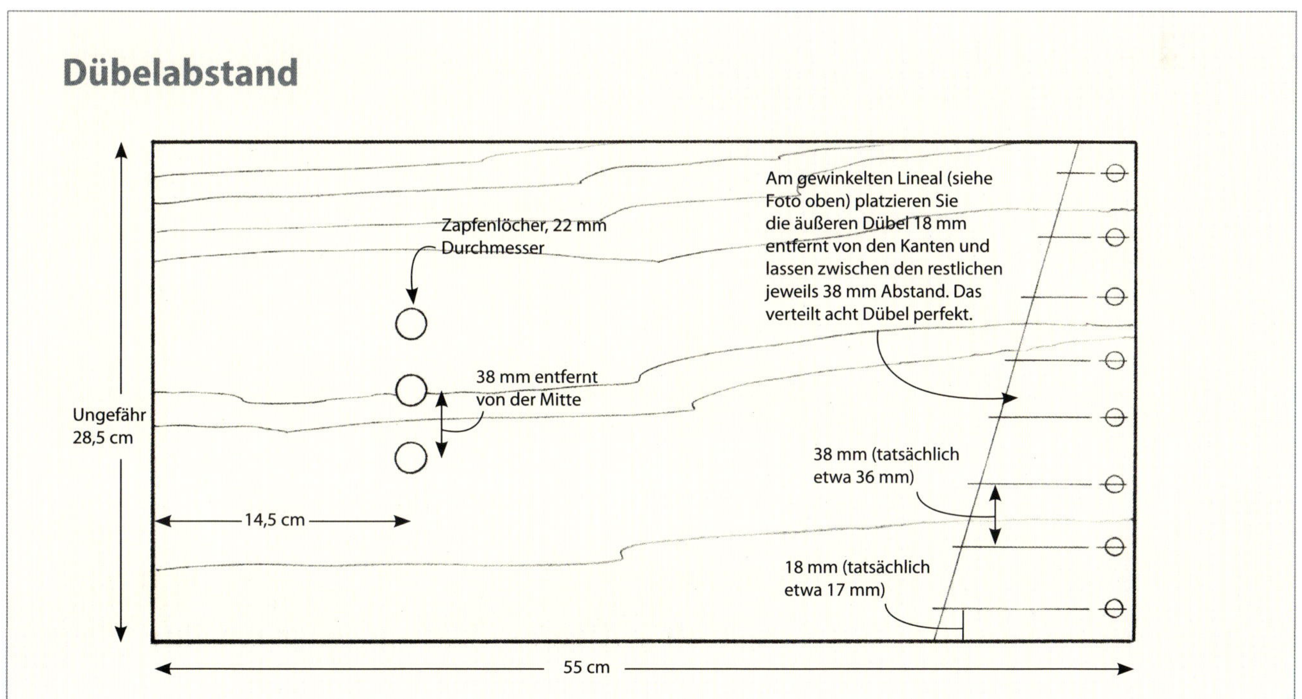

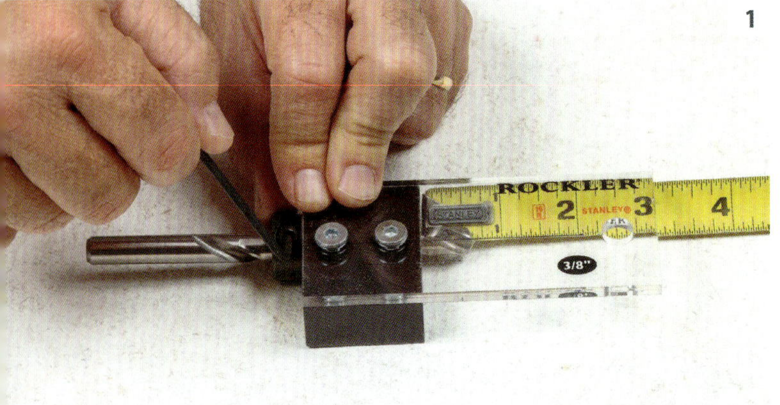

1

2

3

Vorbereitungen zum Bohren

Damit alles klappt, müssen Sie zunächst ein paar Dinge einstellen.

1 **Tiefenanschlag einstellen.** Wir werden zuerst Dübellöcher in die Seitenteile bohren und die dürfen nicht zu tief sein, sonst gucken die 40 mm Dübel nicht oben raus. Also stecken Sie den Tiefenstopp auf den Bohrer, platzieren den Bohrer in die Schablone und montieren den Anschlag so, dass der volle Durchmesser des Bits (nicht bloß die Spitze) lediglich 13 mm herausragt.

2 **Bit kommt in die Aufnahme.** Mein Bohrer nimmt nur Sechskantschäfte, also brauche ich ein zusätzliches Spannfutter, um solche Zylinderschäfte einzusetzen.

3 **Das Werkstück einspannen.** Spannen Sie eines der Seitenteile an Ihrer Arbeitsstation fest. (Sie brauchen das Brett darunter nicht. Ich war da etwas verwirrt.)

Seitenteile zuerst

Die Seiten bekommen Löcher in die Enden gebohrt. Hier ist es wichtig, die richtige Tiefe zu haben, damit genug Dübel herausguckt.

1 **Einfaches ausrichten.** An dieser Schablone sind drei Markierungen zum Ausrichten: eine in der Mitte (die Sie ignorieren können) und eine auf jeder Seite, ausgerichtet an jeweils einem der Löcher. Um die Schablone auszurichten, wählen Sie eine der äußeren Linien, richten sie an der Werkstückmarkierung aus, spannen die Schablone fest, während Sie sie fest ans Holzende drücken, und nehmen dann dasselbe Loch zum Bohren.

2 **Langsam und gleichmässig.** Der Bohrer kann sich verkanten, für ein sauberes Loch sollten Sie ihn daher gut festhalten und gleichmäßig bohren.

3 **Tiefe prüfen.** Stecken Sie einen Dübel rein und überprüfen, ob er durch das Oberteil kommt und mindestens 3 mm weit übersteht. Falls die Tiefe falsch ist, justieren Sie den Anschlag.

4 **Losbohren.** Wenn alles eingestellt ist, können Sie in kürzester Zeit eine Reihe perfekter Löcher bohren. Suchen Sie die nächste Markierung, positionieren die Schablone, bohren, wiederholen.

Jetzt das Oberteil bohren

Die Löcher gehen durch die Enden der Oberseite und unten wieder raus, also brauchen Sie den Tiefenanschlag am Bohrer nicht, dafür aber ein Restebrett darunter, damit die Unterseite der Dübellöcher nicht aufsplittert.

1 **Bereit machen.** Legen Sie das Restebrett unter das eigentliche Werkstück. Wie Sie sehen, habe ich die Markierungen auf das Hirnholz übertragen, damit ich sie sehen kann, ob die Schablone anliegt. Beim Einspannen der Bretter sollte das Werkstück ein bisschen über das Restebrett hinausragen, damit die Schablone richtig anliegt.

2 **Senkrecht gehen.** Für diese Löcher steht die Schablone senkrecht. Jetzt sieht man, warum ich die Markierungen auf das Hirnholz übertragen musste.

3 **Lange Zwinge nehmen.** Eine längere Zwinge reicht bis zum hinteren Ende des Oberteils, um die Schablone einzuspannen.

4 **Genau wie vorher.** Verschieben Sie die Schablone wie zuvor, dabei immer wieder neu ausrichten und einspannen, um eine Reihe perfekter Löcher zu erhalten. Wenn um die Löcher herum zu viel absplittert, wechseln Sie auf einen Holzspiralbohrer in derselben Größe. Solche Bohrer sind online erhältlich.

1

2

3

4

Löcher für die Stäbe bohren

Die 25-mm-Rundstäbe bekommen 22 mm Zapfen an den Enden. Bohren Sie jetzt die Löcher für diese Zapfen.

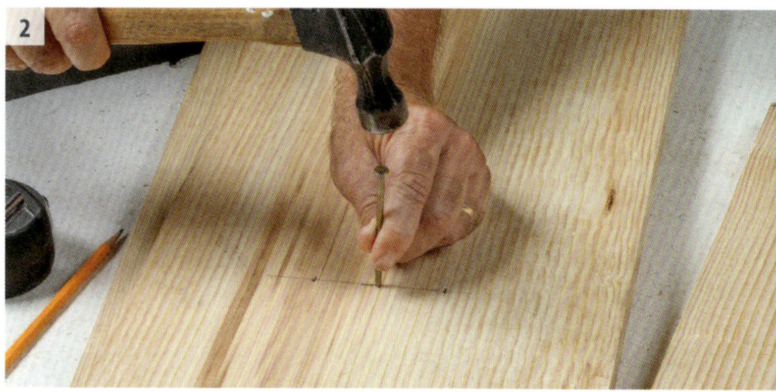

1 **Anzeichnen ist einfach.** Mithilfe der Zeichnung auf S. 153 markieren Sie die Löcher. Messen Sie von den unteren Enden der Seitenteile aus und machen eine Linie rechtwinklig zur Seite. Entlang dieser Linie markieren Sie dann die Abstände der Löcher, indem Sie die Mitte suchen und von dort aus die äußeren Löcher positionieren.

2 **Der Nageltrick.** Zum genaueren Bohren machen Sie mit einem großen Nagel eine leichte Einkerbung in der Lochmitte.

3 **Der mächtige Forstnerbohrer.** Kein Bit bohrt große Löcher sauberer als ein Forstnerbohrer. Investieren Sie in ein Set, wenn Sie können. Hier nutze ich abermals das Spannfutter, um den Zylinderschaft aufzunehmen.

4 **Sauberes Bohren.** Der Forstnerbohrer folgt der Nageleinkerbung, achten Sie aber darauf, den Bohrer senkrecht und rechtwinkelig zum Werkstück zu halten, damit das Loch präzise wird. Außerdem sollten Sie wieder ein Brett unterlegen, um Splitter an der Unterseite zu vermeiden.

5 **Saubere Ergebnisse.** Manche Leute sagen, dass man Forstnerbohrer nur mit einer Standbohrmaschine benutzen kann. Glauben Sie denen nicht. Diese Bits kann man gut in einem Akkubohrer nutzen.

1

2

Bereit zum Zapfenschneiden

Um die Zapfen an den Enden der Stäbe zu formen, müssen wir sie, wie abgebildet, auf Länge schneiden und einen V-Block machen.

1 **Präzise Längen.** Damit wir an allen drei Stäben die richtige Entfernung zwischen den Zapfen haben, müssen sie alle gleich lang sein. Also nutzen Sie den Anschlag, den wir zuvor im Buch gebaut haben, um gleichgroße Werkstücke zu bekommen.

2 **Einen V-Block bauen.** Sie brauchen ein Brett, das etwa 38 mm oder mehr dick ist, die Breite sollte etwa 12 bis 15 cm betragen. (Ein Überrest vom Outdoor-Bank-Projekt (Projekt Nr. 6) passt super). Machen Sie einen 45-Grad-Schnitt durch die Hälfte des Bretts. Dann drehen Sie es um und machen dasselbe in die andere Richtung, bis sich ein kleines V-förmiges Teil löst. Das V sollte in etwa so groß wie auf dem Bild sein.

Einen Frästisch bauen

Um diese Zapfen zu formen, brauchen wir noch etwas Vorbereitung. Sie müssen einen einfachen Frästisch bauen, aber das ist nichts mehr als ein Stück Sperrholz oder MDF mit mindestens 30 mal 45 cm, bei dem die Oberfräse von unten angeschraubt wird.

1 **Loch für Fräser und Futter bohren.** Nehmen Sie einen Forstnerbohrer, der ein bisschen größer ist als das Spannfutter Ihrer Oberfräse und bohren durch die Sperrholz- bzw. MDF-Platte. Um die richtige Position zu bekommen, legen Sie den V-Block auf das Ende der Platte und bohren direkt daneben. Denken Sie an das Reststück darunter, um Splitter an der Rückseite zu vermeiden.

2 **Grundplatte entfernen.** Bevor ich die Oberfräse von unten an den Behelfsfrästisch schraubte, habe ich die Plastikplatte entfernt, damit der Fräser so weit wie möglich herausragt.

3 **Oberfräse anschrauben.** Das Spannfutter geht durch das gebohrte Loch. Dann nutzen Sie die Löcher in der Grundplatte, um die Fräse unter den Tisch zu schrauben.

4 **Den Tisch festspannen.** Spannen Sie die Platte einfach an Werkbank oder Arbeitstisch fest und schon haben Sie einen Frästisch.

Frästisch als Zapfenschneider

Als nächstes müssen wir den V-Block und einen einfachen Anschlag anbringen.

1 **Jeder gerade Fräser geht.** Dieser hat ein Lager an der Basis, aber das brauchen wir nicht. Sie müssen die Oberfräse auf maximale Tiefe stellen und einen ziemlich langen Fräser nehmen, damit Sie den Stab im V-Block erreichen.

2 **V-Block ausrichten.** Der Block kommt an die Vorderseite des Tisches, das V wird dabei wie abgebildet, auf die Mitte des Fräsers ausgerichtet.

3 **Anschlag justieren.** Klemmen Sie ein kleines Brett am Tisch fest, das als Anschlag fungiert. Wenn Sie die Rundstäbe auf exakt 40 cm sägen, muss der Anschlag einfach 25 mm von der inneren Kante des Fräsers entfernt sein, um 25 mm lange Zapfen an den Enden zu machen. Das lässt 35 cm Abstand zwischen den Zapfen, was der Entfernung zwischen den Seitenteilen entspricht.

O'zapft is

Die Vorarbeit haben Sie erledigt, der Rest ist einfach – und macht Spaß.

1

1 Höhe justieren. Sie entfernen nur 1,5 mm Holz an den Seiten um die 25-mm-Rundstäbe in 22-mm-Zapfen zu verwandeln, also stellen Sie die Höhe des Bits zunächst so ein, dass nur ein kleines bisschen entfernt wird.

2

2 Schieben und drehen. Rotieren Sie den Rundstab, während Sie ihn langsam nach vorne schieben. Wenn er auf den Anschlag trifft, machen Sie eine volle Umdrehung für eine saubere Kante. Der Zapfen wird noch uneben sein, also bewegen Sie ihn vor und zurück und drehen ihn vor jedem Durchgang ein Stück, um Unebenheiten zu entfernen.

3

3 Passform prüfen. An den Bohrlöchern überprüfen Sie jetzt den Zapfendurchmesser. Justieren Sie die Fräserhöhe, bis die Zapfen einfach ins Loch rutschen, dann können Sie alles für die restlichen Zapfen lassen. Alle Oberfräsen haben einen Spannhebel, der die Höhe fixiert – nutzen Sie ihn!

4 Entfernung überprüfen. Sie wollen 35 cm Abstand zwischen den Zapfenkanten. Falls Sie den Anschlag justieren müssen, markieren Sie seine ursprüngliche Position mit Bleistiftlinien. Dann wissen Sie, wie weit Sie ihn bewegen. Wenn die Zapfenlänge eingestellt ist, fräsen Sie den Rest der Zapfen. Dann innehalten und sich Ihres Genies bewusst werden.

4

Schlitze für die Keile

Wir nutzen Keile, um die Zapfen zu fixieren, also müssen wir dünne Schlitze in die Zapfen sägen. Ich habe dafür eine preiswerte Zugsäge benutzt, die Stichsäge wäre auch gegangen. Jeder Baumarkt verkauft so eine doppelseitige Zugsäge für 20 €. Für die meisten Aufgaben sollten Sie die Seite mit der feineren Zahnung nehmen.

1 **V-Block schlägt zurück.** Halten Sie die Rundstäbe zum Sägen der Schlitze senkrecht. Ihr V-Block ist dafür hervorragend geeignet. Spannen Sie ihn zwischen ein paar Holzzwingen und spannen diese wiederum an der Werkbank fest. Eine weitere Zwinge hält dann den Rundstab fest.

2 **Nach Augenmaß sägen.** Zugsägen schneiden nur beim Ziehen, nicht beim Drücken, also üben Sie nur Druck bei der Ziehbewegung aus. Teilen Sie den Zapfen nach Augenmaß und positionieren den Schlitz mittig. Fangen Sie an einer Kante an, machen den Schnitt dann beim Runtergehen waagerecht und stoppen kurz vor der Kante.

1

2

Keile an der Kappsäge

Keile sind mit der Kappsäge schnell gemacht. Sie sind 22 cm breit wie die Zapfen, also passen die 18 mm dicken Überreste vom Tisch nicht.

1 **Ein Stück Bauholz.** Mit dem Sägeblatt auf 90 Grad eingestellt, sägen Sie ein Stück von einem Konstruktionsvollholz wie diesem mit 4 mal 14 cm ab.

2 **Sägeblatt anwinkeln.** Fünf Grad sorgen für perfekte Keile.

3 **Block drehen und Keile sägen.** Drehen Sie das Werkstück so, dass das Hirnholz gegen den Anschlag drückt und schneiden dann eine kleine Scheibe an der Ecke ab. Dann drehen Sie den Block um und machen dasselbe an den anderen drei Ecken.

1

2

3

4

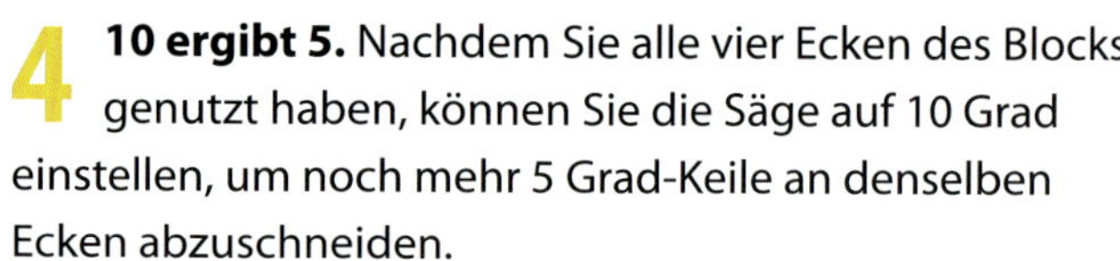

4 10 ergibt 5. Nachdem Sie alle vier Ecken des Blocks genutzt haben, können Sie die Säge auf 10 Grad einstellen, um noch mehr 5 Grad-Keile an denselben Ecken abzuschneiden.

5 Sägen und brechen. Mit der Handsäge schneiden Sie durch den Großteil des Keils und brechen dann den Rest ab. Machen Sie die Seiten gerade und versuchen dabei, auf 22 mm Breite zu kommen.

6 Einbau vorbereiten. Es ist einfacher, die Teile jetzt glatt zu schleifen als später, besonders die inneren Flächen. Also machen Sie das jetzt, entweder per Hand oder mit der Maschine. Gehen Sie hier bis zur 220er Körnung.

7 Trockenübung. Bauen Sie den ganzen Tisch ohne Leim zusammen, damit Sie sehen, ob alles passt und ob Sie die benötigten Zwingen haben. Beachten Sie, dass der Aufbau etwas angehoben werden muss, damit die Zapfen durchpassen und dass Sie im Augenblick nur wenige Dübel in den Enden brauchen.

5

6

7

Rundstäbe zuerst rein

Der Schlüssel zum Erfolg bei der Verklebung ist, Leim zu benutzen, der Ihnen mehr offene Zeit gibt, bevor er abbindet. Weiterhin sollten Sie den Aufbau in der richtigen Reihenfolge machen. Schritt Eins ist das Reinstecken und Verkeilen der Rundstäbe.

1 **Rundstäbe zuerst.** Tun Sie den Leim in eine Schüssel und pinseln eine großzügige Schicht ins Innere der Löcher. Dann stecken Sie die Enden der Rundstäbe rein.

2 **Jetzt die andere Seite.** Verteilen Sie Leim in den anderen Löchern und rütteln an den Rundstäben, damit die Gegenseite des Tisches auf die Zapfen rutscht.

3 **Vorsichtig einspannen.** Mit den Zwingen gehen Sie sicher, dass die Zapfen richtig sitzen und keine Lücken an den Kanten bleiben. Dann nehmen Sie ein paar Dübel, um die Oberseite vorläufig anzubringen. Falls die Seiten nicht korrekt ausgerichtet sind, biegen Sie die Teile von Hand, um sie zu begradigen.

4 **Schlitze ausrichten und Keile festkleben.** Die Schlitze müssen alle horizontal sein. Das ist wichtig. Würden sie in die Maserungsrichtung zeigen, könnte das Verkeilen die Bretter aufspalten! Verteilen Sie etwas Leim auf den Keilflächen.

5 **Reinhämmern und horchen.** Genau wie es Ihre gewieften Vorfahren taten, hauen Sie mit einem Hammer die Keile rein, bis sich das hämmernde Geräusch dumpf anhört. Dann wissen Sie, dass die Keile fest sitzen. Jetzt verkeilen Sie die Zapfen auf der anderen Seite. Falls nötig, stellen Sie die Zwingen um. Der überstehende Teil der Keile wird später abgesägt (siehe S. 168).

1

2

3

4

Jetzt ist das Oberteil dran

Auch bei diesem Prozess gibt es Schritte, die alles einfacher machen.

1 **Dübel zuerst rein.** Stellen Sie den Tisch aufrecht und füllen etwas Leim in jedes Dübelloch. Mit einem kleinen Stift verteilen Sie ihn im Loch und stecken dann die Dübel rein. Drehen Sie jeden Dübel einmal um die Achse, um den Leim besser zu verteilen.

2 **Jetzt das Oberteil.** Verteilen Sie Leim auf den hervorstehenden Dübeln, gehen Sie dabei so schnell wie möglich vor. Dann stecken Sie das Oberteil auf die Dübel und klopfen es mit einem Gummihammer fest. Ein normaler Hammer geht auch, wenn Sie ein Stück Restholz unterlegen.

3 **Zwingentipps.** Platzieren Sie die Zwingen nahe der Ober- und Unterseite, ohne die überstehenden Dübel zu berühren, aber so nah wie möglich an ihnen dran. Sie brauchen auch eine in der Mitte. In diesem Fall habe ich einen Holzklotz benutzt, um den Druck an der Oberseite zu fokussieren, ohne an die Enden der Dübel zu kommen.

4 **Ein letzter Touch.** Bevor Sie den Tisch ein paar Stunden zum Trocknen wegstellen, nehmen Sie sich etwas Zeit, um den rausgedrückten Leim an den Innenkanten zu entfernen, solange er noch weich ist. Nehmen Sie einen Meißel als Schaber, den Sie zwischendurch immer wieder abwischen.

Fehler mit Lückenfüller ausbessern

Ein guter Holzwerker zu sein, bedeutet auch zu lernen, wie man Fehler behebt. Die passieren selbst den Besten.

1 **Upps.** Der Bohrer hat ein paar Löcher im Weichholz verursacht.

2 **Selbstgemachter Holzkitt.** Bewahren Sie Ihr Sägemehl auf und mischen es mit gelbem Leim, um Spachtelmasse herzustellen. Machen Sie eine dicke Mischung mit mehr Mehl als Leim.

3 **Füllen und warten.** Füllen Sie die Lücken mit Kitt, glätten es mit einem Holzstück und den Fingerspitzen und warten drei bis vier Stunden, bis es getrocknet ist.

4 **Mit Schleifpapier ebnen.** Ihr Schleifklotz schlägt wieder zu. Wie immer die Körnungen durchgehen.

5 **Nicht perfekt, aber nicht schlecht.** Der Leim macht die Stelle etwas dunkler, aber die Lösung fällt kaum auf, solange Sie Ihre Freunde nicht darauf hinweisen!

1

2

3

4

5

Alle Verbindungen ebnen

Die Dübel, Zapfen und Keile ragen alle heraus. Jetzt lernen Sie, wie man sie sauber abschneidet und ans umgebende Holz angleicht für ein wunderschönes Ergebnis.

1 **Kühlschrankmagnet.** Legen Sie einen großen, flachen Kühlschrankmagneten auf die Innenfläche der Säge. Das hält sie von der Oberfläche fern, damit sie die überstehenden Teile absägen können, ohne das Holz darunter zu beschädigen.

2 **Schleifklotz zum Vollenden.** Nutzen Sie Ihren Klotz mit 80er Schleifpapier, um die Verbindungen fertig zu ebnen, und arbeiten sich dann durch die Körnungen durch, bis die Oberfläche wieder 220er Niveau hat. Ein geschärfter Hirnholzhobel wäre hier noch besser, aber den spare ich mir fürs nächste Buch auf!

3 **Das Gleiche oben.** Legen Sie den Tisch auf seine Seite, um die überstehenden Dübel abzusägen und machen Sie dann mit dem Schleifklotz die Fläche eben und glatt.

4 **Noch ein Schaber.** Das hier ist ein Farbschaber mit Hartmetallklinge, großartig um getrockneten Leim von ebenen Oberflächen zu entfernen.

5 **Alle Verbindungen ebnen.** Trotz all Ihrer Mühen, wird es etwas Versatz zwischen Seiten- und Oberteil geben. Schleifen Sie ihn glatt, zu Anfang wieder mit 80er Körnung. Gehen Sie gegen die Maserung für schnelles Holzentfernen und dann für eine kratzfreie Oberfläche mit der Maserung die Körnungen durch.

5

Glatte Lasur

Ich empfehle hier eine Öl-Lasur. Kiefer ist weich und verbeult leicht (was zum Charme des Werkstücks beiträgt) und eine Öl-Lasur kann man einfach mit einer neuen Schicht reparieren.

1 **Kanten brechen.** Nehmen Sie den Klotz mit 150er Schleifpapier, um eine leichte Schräge (Fase) an allen Kanten zu machen. Weiche Kanten fühlen sich besser an und sehen schöner aus, aber übertreiben Sie es nicht.

2 **So hübsch.** Ziehen Sie wieder ein Paar Einweg-Vinylhandschuhe an, vergießen eine kleine Pfütze Öl, verteilen es mit Papiertüchern und wischen den Überschuss weg. Die erste Schicht trocknen lassen, leicht per Hand mit 220er Körnung abschleifen und dann noch eine Schicht auftragen.

1

2

11 Feiern mit Musik

Das vorherige Projekt war ein echtes Möbelstück und ziemlich aufwendig, also lassen Sie uns doch mit etwas Spaßigem aufhören. Dieser passive Smartphone-Lautsprecher ist schnell und einfach gebaut und sein akustisches Geheimnis ist einfach cool.

Die Wissenschaft hinter passiven Lautsprechern ist schnell erklärt. Wenn Sie schon mal Ihr Handy in eine Schüssel oder ein Glas gestellt haben, um die Musik besser zu hören, wissen Sie, wie es funktioniert: die Schallwellen prallen am Boden ab und werden verstärkt, während Sie nach außen getragen werden. Modelle aus dem Laden sind etwas ausgefeilter, basieren aber auf demselben Prinzip.

In dem Moment, wo jemand den Schüsseltrick entdeckt hat, haben die DIY-Leute angefangen, ihre eigenen passiven Lautsprecher zu bauen, oft aus Holz. Diese reichen von nicht so gut aussehend bis hin zu nett, aber nicht so einfach zu bauen, also habe ich nach der goldenen Mitte dazwischen gesucht. Die Lösung war das Bauen in Schichten.

Holzverstärker. Dieser kleine Block erinnert mich an ein altmodisches Transistorradio.

Ein Sound-Sandwich

Ein passiver Lautsprecher hat drei Aufgaben: er muss Ihr Gerät halten, den Schall durch einen kleinen Kanal führen und ihn in eine große Öffnung leiten, die alles nach außen sendet. Wie können wir mit den Werkzeugen aus diesem Buch diese drei Öffnungen erschaffen, wovon eine sogar komplett versteckt ist?

Bei einem meiner vielen Besuche im Baumarkt habe ich kleine Bretter in verschiedenen Breiten und Dicken gefunden, gedacht für Holzwerkerprojekte. Die variierende Dicke hat mich an ein Sandwich erinnert mit dickerer Vorder- und Rückseite und einer dünneren Schicht in der Mitte, die das Handy halten und den kleinen Schalltunnel beinhalten könnte. Und die Breite der Bretter, 14 cm, war genau passend. Mit der richtigen Reihenfolge an Sägen und Verleimen hätte ich alle benötigten Nischen und Ritzen in einem kompakten Block.

Der einzige Nachteil an den kleinen Brettern war die beschränkte Holzauswahl. Ich musste zwischen Roteiche und Pappel wählen (ich habe letzteres genommen). Aber wenn Sie einen Freund mit Dickenhobelmaschine haben, können Sie jedes gewünschte Holz für die drei Schichten nehmen.

Unterschied bemerkt? Bei dieser Version habe ich die Ecken nicht abgerundet. Nehmen Sie das Modell, das Ihnen am besten gefällt, oder machen Sie etwas ganz anderes. Lediglich die akustischen Teile sollten ähnlich bleiben.

Pappel. Nehmen Sie irgendein Holz mit 12 und 18 mm Dicke und 14 cm Breite. Ich habe Pappel genommen, das zu Anfang ein wenig grünlich ist, aber ein cremiges Braun entwickelt, wenn man das fertige Produkt in die Sonne stellt.

Übrigens habe ich die Lochsägeführung vom Sackloch-Spiel wieder benutzt, dieses Mal, um das große Lautsprecherloch in die zwei vorderen Schichten zu bekommen.

Nachdem ich den Entwurf zu Papier gebracht hatte, war das ganze Unterfangen immer noch in der Schwebe. Ich wusste, dass ich meinen labyrinthartigen Block mit den Werkzeugen aus diesem Buch bauen könnte, aber ich wusste immer noch nicht, ob das Ding funktionieren würde. Dafür musste ich einen Prototyp bauen. Als er fertig war, habe ich die Wiedergabetaste auf meinem Handy gedrückt, das Handy in den Block gesteckt, den Atem angehalten und gehorcht.

Wenn der kleine Block den Sound nicht verstärkt hätte – merklich – ich bin nicht sicher, was ich hätte machen müssen, damit es funktioniert. Ich habe nie ein Examen in technischer Akustik gemacht. Aber es funktionierte – erstaunlicherweise. Meiner 12 Jahre alten Tochter gefallen ihre schwebenden Regale durchaus, aber dieser magische Lautsprecher hat sie wirklich beeindruckt (sie hat ihn sofort geklaut). Ich habe nur 11 Kapitel dafür gebraucht.

Bauen macht Spaß, tauchen Sie ein!

Die letzte Lektion dieses Buchs ist, dass Sachen bauen Spaß machen soll – besonders, wenn es ein Hobby ist. Bauen Sie, was Sie wollen, egal wie Sie es bauen wollen. Darum geht es bei der Maker-Bewegung. Leute hacken ihre Handys, plündern Schrottplätze und Flohmärkte nach Fundobjekten und mischen digitales Design und 3D-Druck mit althergebrachten Fertigkeiten wie Holzwerken, Nähen und Löten, um ihre High-Tech-Welt in etwas Menschliches und Selbstgemachtes zu verwandeln.

Wenn Sie vom traditionellen Holzhandwerk inspiriert sind, ist das auch okay. Kaufen Sie eine Ladung Handwerkzeuge, lernen wie man sie schärft und benutzt und entspannen in der ruhigen Werkstatt.

Der springende Punkt ist, dass Sie sich nicht nach den Regeln anderer richten müssen. Alle meine Lieblings-Maker sind ihrer Arbeit mit furchtloser Integrität begegnet. Schauen Sie sich Wharton Esherick an, Künstler, Bildhauer und Holzwerker aus Pennsylvania. Er hat noch nie dagewesene Möbelstücke erfunden, Wände aus gefärbtem Beton gebaut und jeden nicht-schiefen Winkel und irre Rundung seines unglaublichen Hauses im Wald selbstgebaut. Als er auf ein Termitennest im Keller gestoßen ist, hat er einfach weitergegraben, die Mitte seines Hauses geöffnet und in einen drei Stockwerke hohen „Skulpturen-Brunnen" verwandelt, gefüllt mit wilden Holzschnitzereien.

Sie müssen kein Wharton Esherick sein. Seien Sie einfach sie selbst. Meine innigste Hoffnung für dieses Buch ist, dass es Sie inspiriert einzutauchen, ein Maker und Erbauer von Sachen zu werden, was auch immer das für Sie bedeutet.

Während ich dieses letzte Kapitel schreibe, ersetzte ich den alten Zaun in unserem Garten mit meiner eigenen Kreation: gewellte Stahldachpaneele, umrahmt von Holzpfosten und Querstücken. Wir finden es schön, also ist es das auch. Zaun, Lampe, Bank, Flaschenöffner, ganz egal. Bauen Sie Ihre Welt.

Projekt Nr. 13

Passiver Lautsprecher fürs Smartphone

Dieser kompakte Block, inspiriert von alten Radios, hält Ihr Handy und verstärkt den Sound ohne irgendwelche Kabel in Sicht. Sie können ihn für fast jedes Gerät anpassen, sogar ein Tablet. Durch das geschichtete Design können Sie die Konstruktion in einzelne Schritte einteilen. Die Zeichnung unten zeigt die Abmessungen für ein iPhone 6s mit dünner Hülle. Messen Sie Ihr Handy und seine Lautsprecherposition, für genaue Taschen- und Kanalabmessungen.

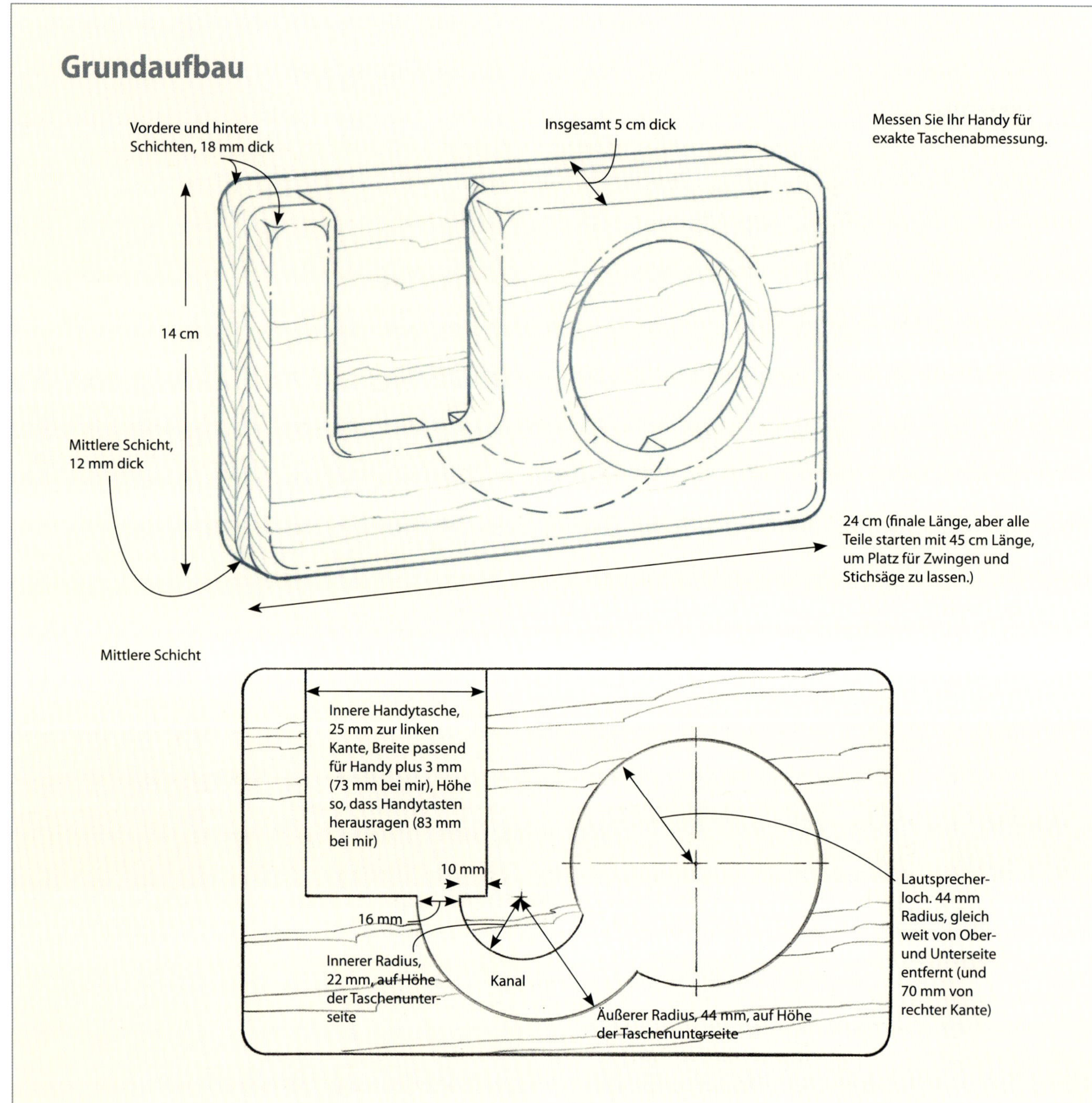

Vordere Schicht

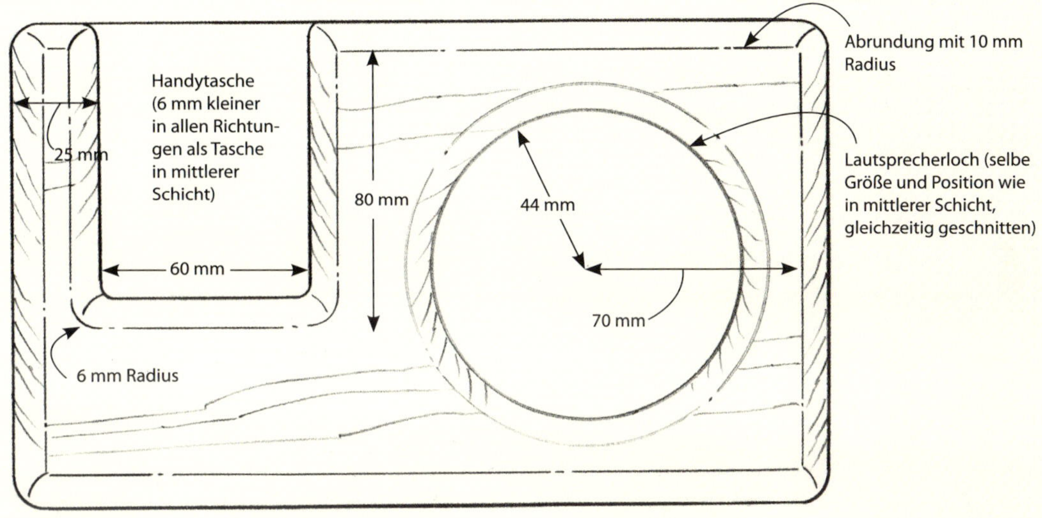

Mach es Stereo

Falls Ihr Handy zwei Stereo-Lautsprecher an der Unterseite hat, können Sie eine Version mit zwei Löchern machen. Übertragen Sie einfach die Abmessungen auf die andere Seite der Handytasche.

Die mittlere Schicht anzeichnen

Alle Schichten starten mit 45 cm Länge. Das Projekt wird erst auf die finale Länge zugeschnitten, wenn alle Schichten miteinander verklebt sind. Fangen Sie mit der mittleren Schicht an, welche die dünnste ist.

1 **Lautsprecherloch.** Nachdem Sie die Enden des finalen Blocks markiert haben, suchen Sie die Mitte des Lautsprecherlochs, stellen den Zirkel ein und zeichnen den großen Kreis.

1

2 **Handytasche.** Zeichnen Sie eine Linie 25 mm entfernt von der Kante und legen das Handy dort hin. Achten Sie darauf, dass es dabei waagerecht ist. Bewegen Sie es nach oben, bis die Lautstärkeknöpfe über die Kante ragen und gut erreichbar sind. Dann zeichnen Sie das Handy nach. Nach dem Abpausen fügen Sie an den Seiten etwa 1,5 mm hinzu, damit das Handy leicht reinrutschen kann.

3 **Jetzt der Kanal.** Markieren Sie die Kanten des Lautsprechers, schieben Sie dabei das Handy zwischen den Seiten der Taschen hin und her, um sicher zu gehen, dass keines der Lautsprecherlöcher bedeckt wird. Dann zeichnen Sie zwei verschiedene Bögen, die den Kanal darstellen.

2

3

Die obere Schicht anzeichnen

Mithilfe der mittleren Schicht zeichnen Sie die obere an, die eine Dicke von 18 mm besitzt.

1 **Gleiches Lautsprecherloch.** Nachdem Sie die Enden eingezeichnet haben, machen Sie dieses Loch genauso wie vorher.

2 **Kleinere Tasche.** Mithilfe der Tasche der mittleren Schicht zeichnen Sie die jetzige ein und platzieren dabei die Seiten um 6 mm nach innen. Mit dem Winkel vollenden Sie die Markierungen, denken Sie dabei auch daran, den Boden der Tasche kürzer zu machen und runden Sie die beiden unteren Ecken mit 6 mm Radius.

1

2

Die mittlere Schicht sägen

Bei dieser Lage müssen Tasche und Kanal ausgesägt werden. Das Lautsprecherloch kommt später.

1 Bestes Sägeblatt. Für die geraden Wände dieser Tasche nehmen Sie ein Sägeblatt, das für besonders glatte Schnitte in Harthölzern gedacht ist. Diese Blätter sind überall erhältlich und machen einen groß(artig)en Unterschied.

2 Die Tasche aussägen. Fangen Sie mit geraden Schnitten an den Seiten an. Dann machen Sie einen gerundeten Schnitt zur Unterkante, durch den Sie einen geraden Schnitt am Boden machen können. Wie Sie hier sehen, bleibt durch das extralange Brett mehr Platz zum Festspannen.

3 Sägeblattwechsel. Sie werden ein schmaleres Sägeblatt brauchen, um die engen Kurven des Kanals zu sägen.

4 Den Kanal sägen. Machen Sie den Schnitt so sauber wie möglich. Sägen Sie zum Abschließen in den Lautsprecherbereich rein, der später entfernt wird.

5 Glatt schleifen. Entfernen Sie die Sägespuren im Kanal mit 120er Schleifpapier, damit der Schall später ungehindert durchkommt. Legen Sie dafür ein Stück Gummimatte zwischen das Schleifpapier.

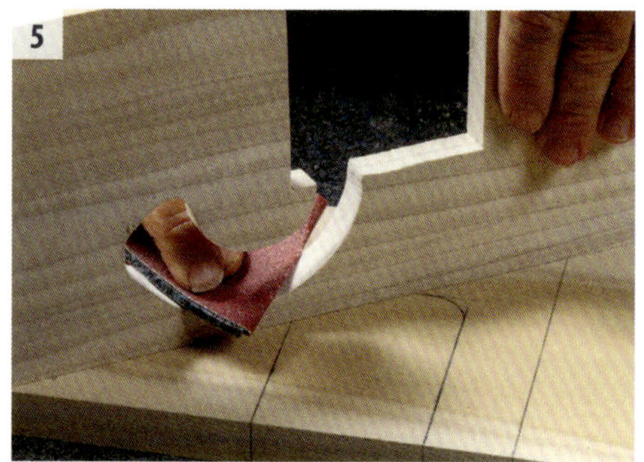

Die Tasche in der oberen Schicht aussägen

Diese Lage bekommt auch ein großes Lautsprecherloch, aber erst, nachdem sie auf die mittlere Schicht geklebt wurde.

1 **Fronttasche.** Sie brauchen das schmalere Sägeblatt für die abgerundeten Ecken dieser Tasche. Bleiben Sie bei den Kurven innerhalb der Linie. Was stehen bleibt, arbeiten Sie hinterher mit Schleifpapier weg.

2 **Die Seiten schleifen.** Starten Sie mit 120er Schleifpapier und gehen bis 150er hoch. Schleifen Sie die Seiten mit dem normalen Klotz.

3 **Den Boden schleifen.** Hier hilft es, das Brett mit den Holzzwingen senkrecht festzuspannen, so wie wir es beim Lampenrahmen in Kapitel 9 gemacht haben. Nutzen Sie einen 12 mm Rundstab, um glatte Kurven an den Ecken zu bekommen und dann einen schmalen Klotz für den Boden.

1

2

3

Zwei Schichten laminieren

Laminat ist der Fachbegriff für einen Werkstoff, bei dem mehrere Lagen miteinander verklebt wurden, wie die obere und mittlere Schicht dieses Projekts.

1 Gestutzte Drahtstifte. Wie ich es schon zuvor im Buch gemacht habe, nutze ich kleine 12-mm-Drahtstifte, damit sich die Schichten nicht beim Verleimen und Einspannen verschieben. Treiben Sie die Stifte rein, passen aber auf, dass sie später beim Sägen nicht im Weg sind. Dann knipsen Sie die Köpfe ab, sodass eine kurze scharfe Spitze herausguckt.

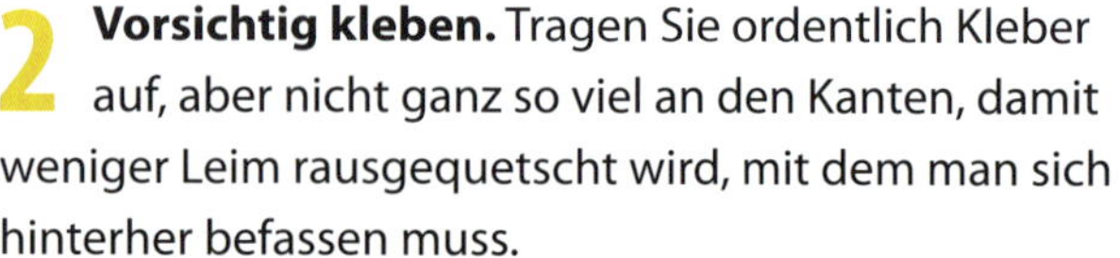

2 Vorsichtig kleben. Tragen Sie ordentlich Kleber auf, aber nicht ganz so viel an den Kanten, damit weniger Leim rausgequetscht wird, mit dem man sich hinterher befassen muss.

3 Die Teile ausrichten. Legen Sie das Oberteil auf die mittlere Schicht und richten es mit Ihren Fingerspitzen aus. Schauen Sie mithilfe der Bleistiftlinien auch nach der seitlichen Ausrichtung.

4 Viele Zwingen. Nutzen Sie ein paar Zwingen, um die Schichten zusammen zu pressen und achten dabei auf die korrekte Ausrichtung. Die Drahtstifte lassen noch kleine Justierungen zu. Dann legen Sie überall, wo es geht, Zwingen an, sodass keine Lücke zwischen den Schichten bleibt. Nur außerhalb der Linien können Sie sich die Zwingen sparen.

Lautsprecherlöcher aussägen

Wir nehmen wieder die Stichsägeführung vom Sackloch-Spiel, also schauen Sie zur Referenz in Kapitel 3 nach.

1 **Anfangsloch bohren.** Ich habe hier einen 13 mm Bohrer für das Sägeblattloch genommen. Sie müssen ein Stück über die Kreislinie hinaus gehen, um das Blatt in die richtige Position zu bekommen, aber versuchen Sie, so wenig Überhang wie möglich zu haben, da man ihn später am Rand des Lochs sehen kann.

2 **Gleiche Kreisführung.** Genau wie für die großen Löcher der Sacklochplattformen brauchen Sie ein dünnes Stück Sperrholz, ein eng anliegendes Nagelloch im Sperrholz sowie in der Kreismitte, und ein Loch, wo das Sägeblatt reinrutscht, in diesem Fall 44 mm entfernt vom Nagelloch. Ich habe hier ein paar extra Linien als Hilfe eingezeichnet. Danach habe ich doppelseitiges Klebeband am Sägeschuh angebracht.

3 **Jetzt geht es rund.** Richten Sie die Stichsäge auf dem Sperrholzstück aus, rechtwinklig zur Kante, mit dem Sägeblatt durch das Loch gesteckt. Dann drücken Sie den Abzug und lassen die Stichsäge im Kreis herum arbeiten. Wenn Sie merken, dass sich das Sägeblatt nach links oder rechts verbiegt, können Sie dank des Klebebands die Säge noch ein bisschen drehen und den Kurs korrigieren.

4 **Glattes Loch.** Wenn Sie fertig sind, ziehen Sie die Säge raus, entfernen Sie den Holzstöpsel und bewundern Ihr Werk.

1

2

3

4

Den Block vollenden

Die hintere Schicht ist ein normales, 18 mm dickes Holzbrett. Wenn es befestigt wurde, können Sie den Block zuschneiden.

1

1 **Drahtstifte und Leim.** Nehmen Sie wieder gestutzte Drahtstifte und weniger Leim an den Innenkanten, wo sich Rausgequetschtes nur schwer entfernen lässt.

2

2 **Ausrichten und spannen.** Legen Sie die hintere Schicht drauf, richten sie an den unteren Schichten aus und nehmen eine Menge Zwingen, um starken gleichmäßigen Druck auszuüben. Achten Sie auch hier darauf, dass kein Versatz an den Kanten entsteht.

3 **Kürzen und schleifen.** Nachdem Sie ein bis zwei Stunden gewartet haben, sägen Sie den Block an den Markierungen ab, schaben ausgetretenen Leim weg und schleifen die Kanten grob ab. Der Lautsprecher funktioniert jetzt schon ausgezeichnet (probieren Sie es mal!), aber machen wir ihn noch ein bisschen schöner.

3

4

Den Frästisch einrichten

Wir nehmen den einfachen Frästischaufbau aus dem vorigen Kapitel, um den Lautsprecher noch eleganter und stilvoller zu machen.

1 **Grosser Fräser, grosses Loch.** Der Abrundfräser ist größer als der aus dem letzten Kapitel, also nehmen Sie Forstnerbohrer, Lochsäge, oder Flachfräser, um ein großes Loch zu bohren, etwa 20 cm entfernt vom Ende der MDF-Platte. Klemmen Sie vor dem Bohren ein Restebrett drunter.

2 **Einsetzen.** Stecken Sie einen Fräser mit Kugellager und 10 mm Durchmesser in die Oberfräse. Eventuell muss der Fräser etwas mehr als sonst aus der Spannzange herausragen, um die Oberseite des Tischs zu erreichen.

3 **Oberfräse anbringen.** Dieses Mal habe ich nur die Plastikplatte an der Oberfräse drangelassen und sie durchbohrt, um Schrauben in den Frästisch einzudrehen.

4 **Den Fräser ebnen.** Justieren Sie die Höhe der Oberfräse so, dass der Boden des Abrundfräsers bündig mit der Tischplatte ist.

Frästisch macht kurzen Prozess mit Abrundungen

Sie könnten die Oberfräse in der Hand halten, um die Abrundungen zu machen, aber es wäre schwierig, die Grundplatte auf einigen Teilen des Werkstücks zu balancieren. Der Tisch stützt den ganzen Block, während Sie ihn entlang des Fräsers bewegen.

1 **Einsatzbereit.** Dieser einfache Frästisch ist nichts weiter als eine MDF-Platte, die an Ihre Arbeitsstation geklemmt wird. Wir fangen damit an, die Kanten des Lautsprecherlochs abzurunden.

2 **Mit dem grossen Loch starten.** Stülpen Sie das Loch über den sich drehenden Fräser, ohne ihn zu berühren und bewegen den Block dann, bis Sie fühlen, dass das Lager an der Lochkante anliegt. Fangen Sie sofort an, den Block gegen den Uhrzeigersinn, entgegen der Drehrichtung des Fräsers, zu bewegen. Bleiben Sie immer in Bewegung, bis Sie ein paar Mal im Kreis gegangen sind, dann sollten Sie ein sauberes Ergebnis erhalten.

3 **Jetzt die Handytasche.** Starten Sie, wie unten abgebildet, an der rechten Seite der Tasche. Drücken Sie gleichmäßig gegen das Lager, während Sie den Fräser an der Kante runter, den Boden entlang und an der anderen Kante wieder hoch bewegen. Halten Sie den Block immer in Bewegung, so minimieren Sie Brandflecken.

4 **In Minuten fertig.** Nachdem die Außenkanten gefräst wurden (vorne und hinten), ist der elegante Look komplett.

1

2

3

4

Feinschliff

Dieses Projekt ist klein und die Lasur besteht lediglich aus ein paar Schichten Öl, also sind Sie in kürzester Zeit fertig. Ich habe wieder Minwax Tungöl verwendet, das sich einfach auftragen lässt und Schönheit des Holzes hervorbringt.

1 Ein bisschen schleifen. Glätten Sie die ebenen Flächen mit dem Schleifklotz von 120er hoch zu 220er Körnung. An den Abrundungen ist eine flexible Einlage der Bringer. Die Gummieinlage funktioniert auch in den engen Kurven, entfernt die letzten Brandflecken und glättet die Übergänge von rund zu flach.

2 Einfache Öl-Lasur. Starten Sie in den Öffnungen. Gießen Sie eine kleine Pfütze Öl rein und verteilen es in den engen Ecken. Dann machen Sie die ebenen Flächen, vorne und hinten. Wischen Sie den Überschuss weg und lassen jede Schicht ein paar Stunden trocknen, bevor sie leicht mit 220er Körnung schleifen, das Papier dabei gefaltet und in der Hand gehalten. Dann den Staub abwischen und die nächste Schicht auftragen. Wiederholen, bis Sie mit dem Aussehen zufrieden sind.